BIBLIOTHÈQUE DES MERVEILLES

L'HYDRAULIQUE

PAR

E. MARZY

TROISIÈME ÉDITION

ILLUSTRÉE DE 39 GRAVURES DESSINÉES SUR BOIS

PAR A. JAHANDIER

PARIS

LIBRAIRIE HACHETTE ET Cie

BOULEVARD SAINT-GERMAIN, N° 79

1883

BIBLIOTHÈQUE
DES MERVEILLES

PUBLIÉE SOUS LA DIRECTION

DE M. ÉDOUARD CHARTON

L'HYDRAULIQUE

8604. — PARIS, IMPRIMERIE A. LAHURE

9, rue de Fleurus, 9

L'HYDRAULIQUE

CHAPITRE PREMIER

PUITS ARTÉSIENS

§ 1er

Antiquité des puits forés. — Origine des sources. — Infiltration de la mer. — Chaleur centrale. — Notions géologiques. — Nappes d'eau souterraines. — Lac de Zirknitz. — Source de Sablé. — Le Frais-Puits. — Nappes d'eau superposées. — Explication du phéno-mène des puits artésiens.

Les usages de l'eau sont si nombreux et si variés, son utilité au point de vue de l'agriculture et de l'in-dustrie tellement incontestable, que l'on comprend sans peine toute l'importance qui s'attache aux procédés artificiels au moyen desquels on est parvenu à repro-duire l'action bienfaisante des sources et des fontaines.

Dans un grand nombre de localités il existe, à cer-taines profondeurs, des nappes d'eau souterraines qu'il suffit d'atteindre par un forage pour obtenir souvent des jets abondants et élevés.

Ces fontaines jaillissantes, creusées par la main de

l'homme et alimentées par des eaux venant d'une grande profondeur, portent le nom de puits artésiens.

En France, c'est dans l'ancienne province d'Artois qu'on paraît s'être le plus spécialement occupé de la recherche des eaux souterraines; de là le nom de puits artésiens donné aux puits forés.

La découverte des puits de cette espèce est d'ailleurs très ancienne, et un écrivain qui florissait à Alexandrie vers le milieu du sixième siècle, Olympiodore, rapporte que des puits creusés dans l'oasis, à des profondeurs variables de 200 à 500 coudées, lançaient par leurs orifices des rivières d'eau dont les agriculteurs profitaient pour arroser les campagnes.

Les Chinois, qui nous ont précédés dans un grand nombre d'inventions, connaissent les fontaines jaillissantes depuis des milliers d'années.

Dans les nombreux forages qu'ils avaient l'habitude d'exécuter pour aller chercher des sources salées à 400 ou 500 mètres de profondeur, ils ont dû nécessairement opérer quelquefois sur des terrains d'une structure géologique appropriée à la formation des fontaines jaillissantes.

En France, le plus ancien puits artésien connu date, dit-on, du commencement du douzième siècle. Il existe à Lillers, petite ville du Pas-de-Calais, dans l'ancien couvent des chartreux.

Les habitants du Sahara connaissent depuis longtemps les puits forés, ainsi que l'indique le passage suivant, extrait des Voyages de Shaw : « Ces villages, situés fort avant dans le Sahara, n'ont ni sources, ni fontaines. Les habitants se procurent de l'eau d'une façon fort singulière. Ils creusent des puits à 100, quelquefois à 200 brasses de profondeur, et ne manquent jamais d'y trouver de l'eau en grande abondance. Ils enlèvent, pour cet effet, diverses couches de sable et de gravier, jusqu'à ce qu'ils trouvent une espèce de pierre qui ressemble à de l'ardoise et que l'on sait être précisément au-dessus de la nappe d'eau souterraine. Cette pierre se perce aisément, après quoi l'eau sort si soudainement et en si grande abondance, que ceux qu'on fait descendre pour cette opération en sont quelquefois surpris et suffoqués, quoiqu'on les retire aussi promptement qu'il est possible. »

La découverte des puits forés remonte donc à une époque assez reculée, mais elle resta à peu près stérile jusqu'au jour où les progrès de la science permirent d'expliquer dans ses moindres détails le merveilleux phénomène des eaux jaillissantes.

Cette explication fut d'ailleurs précédée de théories fort ingénieuses et fort compliquées dues aux idées émises par Aristote et ses disciples sur l'origine de l'eau des sources et des fontaines. Comme ces idées ont joué jusqu'au dix-septième siècle un rôle important dans l'explication d'un grand nombre de phénomènes naturels, il ne sera peut-être pas inutile de faire connaître celles qui se rapportent plus spécialement au sujet qui nous occupe.

La présence de l'eau dans les puits à une certaine profondeur au-dessous du sol avait conduit à admettre que la mer avait dû se répandre par voie d'infiltration dans l'intérieur des continents et y former à la longue une immense nappe liquide ; dans son trajet à travers les terres et les roches, l'eau perdait entièrement sa salure, de telle sorte qu'en un point quelconque du globe on devait nécessairement tomber sur une couche d'eau douce lorsque, dans le percement d'un puits, on arrivait à une profondeur précisément égale à la hauteur du sol au-dessus du niveau de la mer.

Il est vrai que cette hypothèse, malgré sa hardiesse, ne suffisait plus pour expliquer l'origine des fontaines situées à des hauteurs plus ou moins considérables au-dessus du niveau de l'Océan. Mais, grâce à un autre élément, la chaleur centrale du globe, la question devenait aussi simple que la première. C'étaient alors les vapeurs intérieures qui, en venant se condenser à la surface, y entretenaient une humidité continuelle. Cette opinion, d'ailleurs fort ancienne, se trouve reproduite dans un passage de Descartes que nous citons textuellement : « Les eaux pénètrent par des conduits souterrains jusqu'au-dessous des montagnes, d'où la chaleur qui est dans la terre, les élevant comme en vapeur vers leurs sommets, elles y vont remplir les sources des fontaines et des rivières. »

Une seule remarque suffit pour réduire au néant cette brillante conception. A l'époque des grandes sécheresses, presque toutes les fontaines deviennent moins abondantes, quelques-unes même cessent de couler. Que deviennent alors ces vapeurs centrales? Ne devraient-elles pas s'élever et se résoudre en eau comme à l'ordinaire?

Une expérience vraie, mais indûment généralisée, sur la faible perméabilité de certaines matières qui composent l'écorce du globe, a seule soutenu longtemps l'explication des fontaines élevées par la condensation des vapeurs dues au feu central.

Cette expérience, répétée par un grand nombre de physiciens, leur avait appris que l'eau de pluie, quelque abondante qu'elle soit, ne pénètre jamais dans la terre végétale à plus de 2 ou 3 mètres, et ils en avaient conclu, dès lors, qu'elle ne pouvait pas être l'origine des fontaines situées fort au-dessus du niveau de la mer, et sous une grande épaisseur de terrain. Cette conclusion ne pourrait avoir quelque valeur que si la surface du globe était couverte partout d'une couche de terre végétale de quelques mètres d'épaisseur; mais, sur un grand nombre de points, le terrain supérieur est du sable à travers lequel l'eau filtre avec la plus grande facilité; sur d'autres points, les roches sont à nu et leurs fissures permettent à l'eau de circuler assez librement.

Une preuve de cette dernière assertion, c'est que, dans

les mines situées au milieu de certains calcaires, l'eau augmente dans les galeries les plus profondes, peu d'heures après que la pluie a commencé à tomber à la surface du globe.

Du moment où les eaux pluviales peuvent pénétrer dans le sol, à de grandes profondeurs, il parait naturel de supposer qu'elles sont l'origine des sources, des puits ordinaires et des puits artésiens.

De quelle manière ces eaux peuvent-elles circuler dans l'intérieur des terres et y former des nappes souterraines? C'est ce que nous allons examiner, en rappelant rapidement la nature des divers terrains dont est formée l'écorce du globe.

L'enveloppe terrestre n'a pas été engendrée d'un seul jet : la formation des diverses couches minérales dont elle se compose remonte à des époques très différentes, pour lesquelles la science est parvenue à trouver des signes caractéristiques. Ces diverses couchent peuvent être divisées en trois espèces principales de terrains superposés : les terrains primitifs et de transition, les terrains secondaires et les terrains tertiaires.

Dans les terrains primitifs et de transition, les fentes, les fissures des roches ont, en général, de très faibles dimensions et communiquent rarement entre elles. Les eaux d'infiltration ne doivent donc circuler dans ces terrains qu'avec de grandes difficultés. Aussi les sources y sont-elles très nombreuses, mais très peu abondantes, et elles sortent de terre généralement à une faible distance du point où s'est produite l'infiltration.

Les terrains secondaires ont, en général, la forme d'immenses bassins, c'est-à-dire qu'après avoir été sensiblement de niveau sur une grande étendue, ils se relèvent pour former autour de la partie horizontale une enceinte de collines ou de montagnes. Les roches secondaires sont disposées par couches, dont quelques-unes, d'ailleurs fort épaisses, se composent de sables, en partie désagrégés et par suite très perméables ; en se relevant vers les extrémités des bassins, ces couches perméables se présentent à nu sur les flancs des montagnes, et les eaux pluviales peuvent, par infiltration, y aller former des nappes liquides continues, qui doivent se mouvoir rapidement vers les points bas, lorsque la déclivité des couches est assez forte.

Les terrains tertiaires sont composés de couches superposées et séparées les unes des autres par des joints bien nets et bien tranchés ; pour cette raison, on dit qu'ils sont stratifiés.

Ces terrains affectent également la forme de bassins, forme qui résulte du redressement des couches, dû aux effroyables convulsions terrestres qui sont venues les bouleverser, détruire leur symétrie et leur parallélisme. Dans l'acte du redressement de la masse totale, toutes les couches se sont le plus ordinairement déchirées, de sorte qu'elles sont à nu et se montrent au jour sur les flancs et les sommets des collines.

Dans la série des couches dont se composent les terrains tertiaires se rencontrent, à plusieurs étages, des couches de sables qui, par leur perméabilité, sont très propres à recevoir les eaux pluviales, lesquelles doivent se mouvoir, en chaque point, sous la double action de leur poids et de la pression exercée par l'eau contenue dans la partie inclinée. Dans les terrains tertiaires se présente donc cette importante particularité que le nombre des nappes liquides souterraines est, en général, déterminé par le nombre de couches sablonneuses reposant sur des couches imperméables.

Au point de vue spécial qui nous occupe, les deux dernières espèces de terrains que nous venons d'examiner peuvent donc être assimilées ; la seule différence qu'elles présentent, c'est que, dans les terrains secondaires, les phénomènes se passent sur une plus grande échelle, à cause de la prodigieuse épaisseur des couches

et de leurs alternances beaucoup moins fréquentes.
C'est, d'ailleurs, pour ce motif que les sources naturelles des terrains secondaires sont à la fois si rares et si abondantes.

Les conséquences auxquelles conduisent la forme et la nature des terrains stratifiés se trouvent confirmées par l'observation de la façon la plus remarquable.

Ainsi, nous avons dit que dans les couches perméables les eaux pouvaient former des nappes liquides continues se mouvant avec une certaine vitesse. Nous aurions pu ajouter que ces eaux courantes, entraînant peu à peu les sables et même des portions de roches environnantes, des rivières souterraines doivent remplacer certaines parties du massif originaire et opérer de grands vides là où primitivement tout se touchait.

L'existence de ces nappes d'eaux souterraines est confirmée par de nombreux exemples. Le plus frappant, que nous empruntons à la savante notice d'Arago sur les puits artésiens, est celui du lac de Zirknitz, en Carniole. « Ce lac a environ deux lieues de long sur une lieue de large. Vers le milieu de l'été, si la saison est sèche, son niveau baisse rapidement, et, en peu de semaines, il est complètement à sec. Alors on aperçoit distinctement les ouvertures par lesquelles les eaux se sont retirées sous le sol, ici verticalement, ailleurs dans une direction latérale, vers les cavernes dont se trouvent criblées les montagnes environnantes. Immédiatement après la retraite des eaux, toute l'étendue de terrain qu'elles couvraient est mise en culture, et, au bout d'une couple de mois, les paysans fauchent du foin ou moissonnent du millet ou du seigle, là où, quelque temps auparavant, ils pêchaient des tanches et des brochets. Vers la fin de l'automne, après les pluies de cette saison, les eaux reviennent par les mêmes canaux naturels qui leur avaient ouvert un passage au moment de leur disparition.

« L'ordre que je viens d'assigner aux inondations et à la retraite des eaux est l'ordre moyen ou normal. Les irrégularités atmosphériques le troublent souvent. Il suffit même quelquefois d'une abondante pluie d'orage sur les montagnes dont Zirknitz est entouré, pour que le lac souterrain déborde et aille, pendant plusieurs heures, couvrir de ses eaux le terrain supérieur. On a remarqué, parmi ces diverses ouvertures du sol, des différences singulières : les unes fournissent seulement de l'eau, d'autres donnent passage à de l'eau et à des poissons plus ou moins gros; il en est d'une troisième espèce par lesquelles il sort d'abord quelques canards du lac souterrain.

« Ces canards, au moment où le flux liquide les fait pour ainsi dire jaillir à la surface de la terre, nagent bien. Ils sont complètement aveugles et presque entièrement nus. La faculté de voir leur vient en peu de temps, mais ce n'est guère qu'au bout de deux ou trois semaines que leurs plumes toutes noires, excepté sur la tête, ont assez poussé pour qu'ils puissent s'envoler. Valvasor visita le lac de Zirknitz en 1687. Il y prit lui-même un grand nombre de ces canards et vit les paysans pêcher des anguilles qui pesaient 2 ou 3 livres, des tanches de 6 à 7 livres, enfin, des brochets de 20, de 50 et même de 40 livres. »

Nous avons ici, comme on voit, non seulement une immense nappe souterraine, mais un lac véritable, avec les poissons et les canards qui peuplent les lacs de la surface.

La France elle-même possède, quoique sur une plus petite échelle, des lacs de Zirknitz.

On trouve, dans les mémoires de l'Académie des sciences de 1741, qu'il existe, près de Sablé, en Anjou, au milieu d'une espèce de lande, une source, ou, pour mieux dire, un gouffre de 6 à 8 mètres de diamètre dont on n'a pu déterminer la profondeur; que ce gouffre, connu dans le pays sous le nom de Fontaine sans fond, déborde quelquefois, et qu'alors il en sort une quantité prodigieuse de poissons et surtout de brochets truités d'une espèce particulière.

« Il y a lieu de croire, disait le secrétaire de l'Académie, que tout ce terrain est comme la voûte d'un lac situé au-dessous. »

A l'autre extrémité de la France, dans le département de la Haute-Saône, près de Vesoul, un entonnoir naturel, appelé Frais-Puits, présente des phénomènes du même genre. En été et en automne, lorsqu'il a plu très abondamment deux ou trois jours de suite, l'eau s'échappe en bouillonnant par l'ouverture du Frais-Puits et forme un véritable torrent qui se répand sur toute la contrée environnante. Après ce débordement, dont la durée est seulement de quelques heures, on trouve quelquefois des brochets à la surface des champs et des prairies que les eaux provenant de Frais-Puits avaient inondés.

Un autre phénomène, dû aux mêmes causes et qui avait vivement frappé l'imagination des anciens, se rattache à l'existence, dans des pays plats, de cavités souterraines dans lesquelles s'engouffrent des rivières tout entières. Pline cite, parmi les rivières qui disparaissent sous terre, le Tigre, dans la Mésopotamie, l'Alphée, dans le Péloponnèse, le Timavus, dans le territoire d'Aquilée, etc.

En France, nous rencontrons de nombreux exemples de ce curieux phénomène. La Meuse disparaît complètement sous terre à Bazoilles.

La Drôme, la Rille, l'Aure, etc., se perdent petit à petit. Les eaux sont successivement absorbées par des trous situés de distance en distance dans le lit de ces rivières et appelés bétoirs.

En Espagne, la Guadiana disparaît dans un pays plat, au milieu d'une immense prairie. Voilà pourquoi, dit Arago, les Espagnols, quand on leur parle avec éloge de quelque grand pont de France ou d'Angleterre, répliquent qu'il en existe un en Estramadure sur lequel cent mille bêtes à cornes peuvent paitre à la fois.

Nous avons dit que, dans les terrains stratifiés, il existait souvent, à divers étages, des couches de sables perméables pouvant donner lieu à autant de nappes liquides distinctes.

Des travaux de sondage entrepris pour chercher la houille à Saint-Nicolas-d'Aliermont, près de Dieppe, ont fait reconnaître l'existence de 7 grandes nappes d'eau très abondantes et parfaitement distinctes, situées à des profondeurs variables depuis 25 jusqu'à 330 mètres.

Toutes ces nappes étaient douées d'une force ascensionnelle très grande.

Dans le percement des puits de la gare de Saint-Ouen, on a rencontré 5 nappes liquides susceptibles d'ascension et d'ailleurs parfaitement distinctes, bien qu'elles fussent très rapprochées les unes des autres, la première se trouvant à 36 mètres de profondeur et la cinquième à 66 seulement.

Dans les terrains stratifiés, outre les nappes liquides sensiblement stationnaires dont nous avons cité des exemples, il existe encore de véritables rivières souterraines, qui coulent assez rapidement dans les intervalles vides compris entre certaines couches imperméables.

« Des ouvriers, dit Arago, perforaient le terrain près de la barrière de Fontainebleau, dans un établissement connu sous le nom de brasserie de la Maison-Blanche. Comme d'habitude, les progrès de ce travail étaient lents; mais voilà que, tout à coup, la sonde s'échappe de leurs mains; ils la voient s'enfoncer brusquement de plus de 7 mètres. Sans la manivelle placée transversalement dans l'œil de la première tige et qui ne put passer par le trou déjà fait, la chute se fût probablement continuée encore.

« Lorsqu'on essaya de retirer la sonde, il devint évident qu'elle était comme suspendue, que sa pointe inférieure ne reposait pas sur un terrain solide; qu'un fort courant, enfin, la poussait latéralement et la faisait osciller. Le jaillissement rapide des eaux de ce courant inférieur ne permit pas de pousser les observations plus loin. »

Les exemples que nous venons de citer ne laissent aucun doute sur l'existence d'immenses nappes d'eaux souterraines dues aux infiltrations des eaux pluviales à travers les couches perméables de l'écorce terrestre. Mais quelle est la force qui soulève ces eaux et les fait jaillir à la surface du globe? Une expérience bien simple et bien connue va nous l'indiquer.

Si dans une des branches d'un tuyau recourbé en forme d'U (un siphon renversé) on verse de l'eau, cette eau se met de niveau dans les branches et s'y maintient à des hauteurs parfaitement égales.

Supposons maintenant qu'une des branches de ce tuyau communique par le haut avec un réservoir et que l'autre branche soit coupée vers le bas, de telle sorte qu'il n'en reste plus qu'une faible longueur verticale, fermée par un robinet. Si l'on vient à ouvrir ce robinet, l'eau jaillira dans l'air, de bas en haut, jusqu'à la hauteur où elle se serait élevée dans le tube non coupé, c'est-à-dire jusqu'à la hauteur du niveau de l'eau dans le réservoir qui alimente la branche opposée. En réalité, la hauteur du jet donnée par l'expérience est un peu plus faible, mais la différence est sans importance pour le principe; elle est uniquement due à la résistance de l'air et aux frottements de toute nature qui se développent dans le mouvement de l'eau.

La forme du tuyau, abstraction faite des frottements, ne joue d'ailleurs aucun rôle; prenez un tuyau circulaire, elliptique, carré, étroit et d'une immense longueur; multipliez à volonté les étranglements et les coudes, l'eau obéissant à la pression qu'elle éprouve ne s'en élèvera pas moins, dans tous les cas, à la même hauteur.

L'expérience que nous venons de faire avec un simple tube n'est que la reproduction, à petite échelle, du merveilleux phénomène des puits artésiens. — Rappelons-nous, en effet, que dans les terrains stratifiés, les couches perméables ne se montrent à nu par leur tranche que sur le versant des collines ou à leur sommet; c'est donc là seulement, en des points relativement élevés, que les eaux pluviales peuvent les pénétrer. Ces couches aquifères descendent le long des flancs des collines, viennent s'étendre presque horizontalement dans les plaines, où elles se trouvent souvent emprisonnées entre deux couches imperméables de roches ou d'argile, et nous avons alors des nappes liquides souterraines qui se trouvent naturellement dans les conditions hydrostatiques de notre expérience.

Un trou de sonde pratiqué dans la vallée jusqu'à la rencontre d'une couche perméable devient la seconde branche de notre tuyau, et le liquide s'élèvera dans ce trou à la hauteur que la nappe correspondante conserve sur les flancs de la montagne où elle a pris naissance.

On conçoit dès lors comment, dans un terrain horizontal donné, les eaux souterraines, placées à divers étages, peuvent avoir des forces ascensionnelles différentes, et on s'explique avec la même facilité pourquoi une nappe peut, en un point, jaillir à une grande hauteur, tandis que plus loin elle n'arrive même pas à la surface du sol. De simples inégalités de niveau, voilà la seule cause de tous ces apparents mystères.

L'explication que nous venons de donner n'est pas nouvelle; elle avait dû naturellement se présenter aux physiciens : aussi, dès l'année 1671, voyons-nous le savant D. Cassini émettre l'idée que les eaux des fontaines forées de Modène pouvaient bien venir par des canaux souterrains du haut du mont Apennin, qui n'en est éloigné que de 10 milles.

Cette assimilation des fontaines artésiennes aux siphons renversés n'a pas toutefois été admise sans contestation. Elle a donné lieu à plusieurs objections, dont la plus spécieuse se trouve à la fois indiquée et réfutée dans ce passage d'Arago : « Quelques-unes des fontaines artésiennes, par exemple celles de Lillers, en Artois, jaillissent au milieu d'immenses plaines. La plus insignifiante colline ne se montre d'aucun côté ; où donc trouver, s'écrie-t-on, ces colonnes hydrostatiques dont la pression doit ramener les eaux souterraines au niveau de leurs points les plus élevés? Je réponds qu'il faut les chercher, si c'est nécessaire, au delà de la portée de la vue, à 15, à 30, à 60 lieues et même au delà.

« L'existence d'une nappe liquide souterraine de 100 lieues d'étendue ne saurait être évidemment une objection sérieuse qu'aux yeux de ceux qui prétendraient, contre tous les témoignages de la science, que 100 lieues de pays ne peuvent pas avoir la même constitution géologique. Au surplus, voici un fait qui tranche nettement la question.

« Il y a, au fond de l'Océan, des sources d'eau douce qui jaillissent verticalement jusqu'à la surface. L'eau de ces sources vient évidemment de terre par des canaux naturels situés au-dessous du lit de la mer.

« Eh bien, il y a peu d'années, un convoi anglais sur lequel M. Buchanan était embarqué, trouva, par un calme plat, dans les mers de l'Inde, une abondante source d'eau à environ 100 milles (36 lieues) du point de la terre le plus voisin. Ce point était dans les Junderbuns.

« Voilà donc un cours d'eau souterrain de plus de 36 lieues d'étendue. Dès qu'une observation incontestable nous conduit à de pareils nombres, les objections puisées dans les considérations de grandeur, dont je faisais mention tout à l'heure, tombent d'elles-mêmes. »

§ 2

Puits de Grenelle. — Accidents et difficultés d'exécution. — Puits de
Passy. — Procès de M. Kind. — Ses avantages. — Description du
trépan. — Accidents successifs. — Débit. — Exécution de deux nouveaux puits artésiens à la Butte-aux-Cailles et à la place Hébert.

Depuis cinquante ans, l'usage des puits artésiens
s'est considérablement développé en France, en Allemagne et dans la plupart des pays de l'Europe. Les
progrès récents de cet art, à la fois si simple et si ingénieux, doivent être attribués en grande partie aux efforts
des Sociétés d'Encouragement et d'Agriculture de Paris.
Prix, programmes, mémoires, ouvrages, elles n'ont rien
épargné pour faire comprendre aux autorités, comme
aux simples particuliers, les avantages que présente,
dans un grand nombre de cas, la création de ces sources
artificielles.

En France, après plusieurs essais, couronnés de
succès, à Rouen, Tours, Saint-Ouen, Saint-Denis, etc., la
ville de Paris, sur la proposition de M. Emmery, ingénieur en chef des Ponts et chaussées, se décida, en 1833,
à faire creuser un puits artésien dans la plaine de Grenelle; l'exécution en fut confiée à M. Mulot, l'un des
plus habiles sondeurs de l'époque.

La longue expérience qu'il avait acquise dans ses
travaux antérieurs, son intelligente énergie et son invin-
cible opiniâtreté lui permirent seules de surmonter les
difficultés sans nombre qui se présentèrent successivement pendant les huit années qu'exigea cet important
travail.

Aux railleries de l'ignorance, aux réticences décou-
rageantes d'une science incomplète, cet habile artisan
n'opposa jamais qu'une inaltérable confiance.

Le succès l'a dignement récompensé, et son nom est
resté populaire, comme ceux de tous les travailleurs
dont les œuvres réunissent le double caractère de l'utilité
et de la grandeur.

Le sol de la plaine de Grenelle est formé à la surface
de sables et de débris de roche; au-dessous de ce terrain
de transport, on trouve des marnes et des argiles, puis
des sables purs, de l'argile plastique et enfin de la craie.

L'épaisseur de cette couche crayeuse pouvait seule
opposer un obstacle sérieux à l'action de la sonde;
mais, cet obstacle vaincu, on avait la certitude presque
absolue de trouver une nappe abondante, car les for-

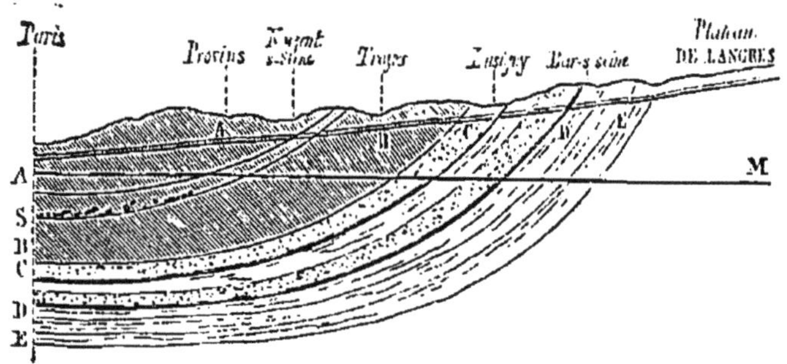

Coupe géologique des terrains de Paris.

mations sous-jacentes à la craie présentent invariablement
les successions de couches perméables et imperméables
favorables à l'existence des nappes d'eau souterraines;
les résultats des puits forés à Rouen et à Elbœuf, dans
le bassin de Paris, confirmaient d'ailleurs, de la manière
la plus complète, ces prévisions de la géologie.

Il était de plus à peu près certain que l'eau de cette
nappe devait jaillir au-dessus de la surface du sol, car
dans le puits d'Elbeuf, dont le niveau était supérieur de
13 mètres à celui de la mer, l'eau pouvait s'élever à
26 mètres au-dessus du sol, et par suite à 39 au-dessus
du niveau de l'Océan. L'orifice du puits de Grenelle, rap-

porté à ce même niveau, n'ayant que 51 mètres d'altitude, il était infiniment probable que l'eau pourrait jaillir à la surface du sol, si toutefois on atteignait la même nappe qu'à Elbeuf.

Dirigé par ces inductions de la science, M. Mulot se mit courageusement à l'œuvre.

La sonde, employée pour le forage du puits de Grenelle, se composait d'une série de tiges en fer, de 7 à 8 mètres

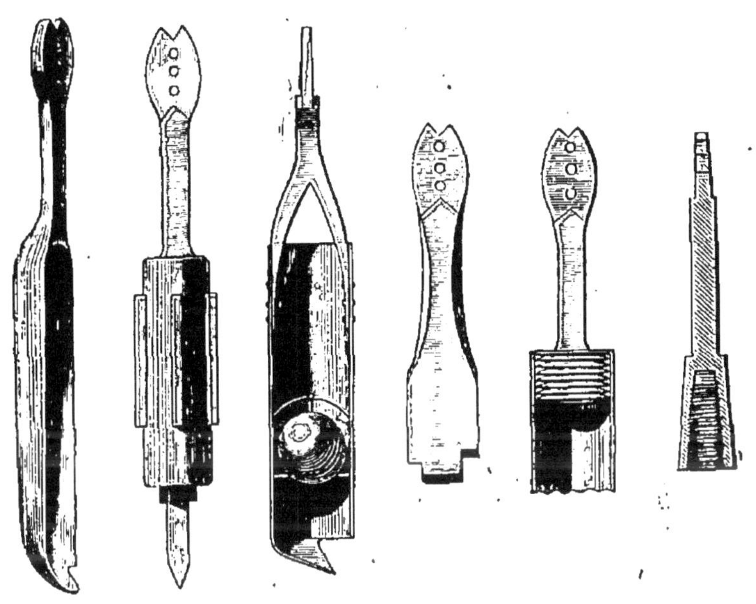

Différents outils ayant servi au forage du puits de Grenelle.

de longueur, vissées bout à bout, à l'extrémité desquelles venaient se fixer les divers outils destinés à percer le terrain et à ramener les débris à la surface du sol. Deux manèges, mus par des chevaux, servaient, l'un à faire monter ou descendre l'appareil, l'autre à donner à la sonde un mouvement de rotation.

La forme des outils foreurs était d'ailleurs variable selon la nature des couches qu'il s'agissait de traverser. Les terrains peu résistants, comme les argiles et les sables, se laissèrent facilement percer par une simple tarière ; mais, lorsqu'on fut parvenu à la couche crayeuse, la résistance augmenta considérablement, et, pour la vaincre, on dut recourir au trépan.

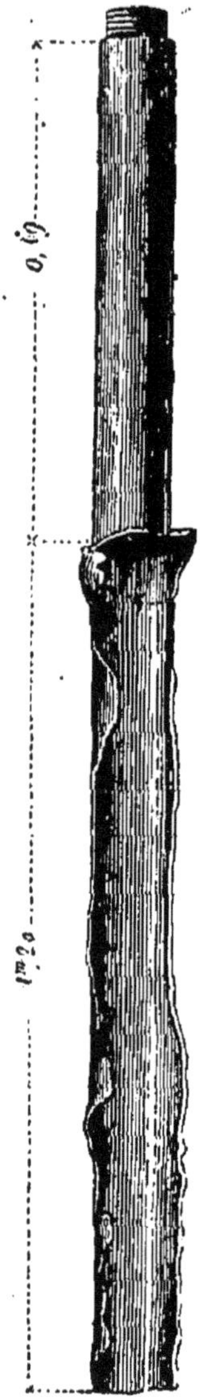

Tige brisée au percement du puits de Grenelle.

Dans tout forage, si l'on n'avait pas le soin de soutenir les terres à mesure que le travail avance, il se produirait, de temps à autre, des éboulements qui finiraient par obstruer complètement le trou de sonde. Pour les prévenir, il est donc indispensable de recourir à une espèce de cuvelage, composé de cylindres en bois, en fonte ou en tôle ; mais, comme ces tubes doivent être emboîtés les uns dans les autres, il en résulte forcément que leur diamètre doit aller en diminuant, depuis le haut jusqu'au bas du forage. Si donc la profondeur du puits dépasse les prévisions, le diamètre des tuyaux inférieurs peut devenir tellement petit que la sonde ne puisse plus manœuvrer, et il faut alors se résigner à enlever tout le système des tubes et le remplacer par un autre de diamètres plus forts.

Au puits de Grenelle, cette opération dut se faire jusqu'à cinq fois, et, chaque fois, il fallut retirer une colonne de tubes de plus de 400 mètres, et agrandir le trou sur toute sa hauteur. Mais les difficultés d'un pareil travail n'étaient pas les seules qui devaient augmenter la durée du forage et mettre à de dures épreuves l'énergie du foreur. Au mois de mai 1837, après plus de quatre ans de laborieux efforts, la sonde était arrivée à la profondeur de 380 mètres, lorsque la cuiller tomba au fond du puits, entraînant dans sa chute un bout de tige de plus de 80 mètres de longueur. La cuiller se brisa ainsi que la tige. Il devenait impossible de continuer le forage avant d'avoir retiré ces débris. Après mille tentatives infructueuses, M. Mulot parvint à retirer le dernier fragment ; mais on était arrivé au mois de juillet 1838 ; on n'avait donc pas mis moins de quinze mois à ramener tous les débris à la surface du sol. Les travaux furent repris avec vigueur, mais ils furent interrompus, à plusieurs reprises, par de nouveaux accidents, presque inévitables dans une opération d'aussi longue durée.

Le 26 février 1841, après huit années d'énergiques efforts, on était parvenu à l'immense profondeur de 548 mètres, lorsque la sonde s'enfonça tout à coup de plusieurs mètres. M. Mulot fils, qui était présent, annonça que la sonde était de nouveau cassée ou que l'eau allait jaillir, et, quelques heures après, une magnifique colonne d'eau, s'élançant des profondeurs du sol, venait récompenser le modeste artisan de sa laborieuse persistance.

. Pendant un mois, il fut l'homme à la mode, cité par tous les journaux, objet d'admiration pour cette foule qui, naguère encore, n'avait pour lui que des sarcasmes et des railleries.

Pendant un mois, Paris tout entier visita le puits de Grenelle ; chacun voulait voir par ses yeux la bienheureuse source, et vérifier les prodiges annoncés par les journaux.

Au moment où l'eau commença à jaillir, on était arrivé à la profondeur de 548 mètres, c'est-à-dire plus de cinq fois la hauteur de la flèche des Invalides au-dessus du sol, plus de huit fois celle des tours Notre-Dame, plus de dix-sept fois celle de la colonne Vendôme.

Cette immense profondeur offrait à la science une belle occasion pour étudier les lois de l'accroissement de la

Manège et treuil employés pour le forage du puits de Grenelle.

chaleur terrestre, à mesure qu'on s'éloigne de la surface
du sol. De nombreuses expériences, exécutées avec le
plus grand soin par MM. Arago et Walferdin, à différentes
profondeurs, ont permis de vérifier qu'il fallait descendre
de 30 à 32 mètres pour un accroissement de température
de 1 degré.

Les thermomètres, placés dans les caves de l'Observatoire, à 28 mètres au-dessous du sol, marquent invariablement 11°,7. En prenant cette profondeur et cette
température invariable pour point de départ, l'eau du
puits de Grenelle devait avoir 28° à la surface du sol,
et c'est, en effet, la température qui a été constatée par
des mesures directes.

Les résultats obtenus par le [forage du puits de Grenelle avaient prouvé qu'il existe, sous la couche des
grès verts, à moins de 600 mètres de profondeur, une
nappe aquifère, jouissant de la propriété de remonter
au-dessus du sol par un trou de sonde. La difficulté de
se procurer de grandes quantités d'eau, sur le plateau
où se trouvent Passy et le bois de Boulogne, sans recourir
au dispendieux service des machines élévatoires, devait
naturellement conduire à l'exécution d'un second forage.

Aussi l'administration municipale n'hésita-t-elle pas
à accepter l'offre qui lui fut faite par un ingénieur
saxon, M. Kind, de creuser un puits, de beaucoup supérieur comme débit à celui de Grenelle. Il s'engageait,
pour une dépense de 350 000 francs, à construire, dans
un intervalle de un an ou deux, un puits de 60 centimètres de diamètre, devant fournir au minimum
13 000 mètres cubes d'eau par jour.

Le forage devait être exécuté au moyen d'un procédé
spécial, de l'invention de M. Kind, bien supérieur aux
procédés communément employés et, en particulier, à
celui qui a servi pour le puits de Grenelle.

Pour ce dernier puits, la sonde employée par M. Mulot

se composait, comme nous l'avons vu, de tiges rigides en fer.

Vers la fin du travail, le poids de toutes ces tiges dépassait 70 000 kilogrammes, et on ne pouvait plus les manœuvrer qu'avec une extrême difficulté. Aussi est-il presque extraordinaire qu'un pareil système ait permis d'arriver à une aussi grande profondeur.

Dans le procédé de M. Kind, les tiges de fer sont remplacées par de simples tiges de bois. L'origine de cette substitution, telle que l'indique M. Figuier, est assez curieuse pour être rapportée. Dans le forage d'un puits dont les travaux étaient dirigés par l'habile sondeur saxon, un charpentier laissa tomber son mètre dans le puits rempli d'eau jusqu'au bord.

« Encore un outil à retirer! s'écria l'ingénieur avec dépit. — Ne vous en inquiétez pas, dit l'ouvrier, mon mètre est en bois, il reviendra. » En effet, quelques instants après, le mètre reparut et l'ouvrier put le saisir au sortir de l'eau. « Ah! si nos tiges pouvaient revenir ainsi! murmura l'ingénieur. — Elles reviendraient de même si elles étaient en bois, » reprit le chef du forage, Kind.

Et, dès ce moment, la substitution du bois au fer réalisa un des progrès les plus importants pour les forages d'une grande profondeur.

La barre de percement, composée d'une série de tiges de bois reliées entre elles par des viroles filetées, a sensiblement le même poids que le volume d'eau qu'elle déplace. Or, comme dans presque tous les sondages, l'eau se rencontre à 20 ou 30 mètres au-dessous du sol et ne cesse pas de remplir le trou pendant toute la durée du travail, la barre de percement est portée en partie par l'eau, et il suffit d'une force assez minime pour la soulever ou la faire redescendre.

Un autre perfectionnement non moins important, introduit par le même sondeur, a permis de réduire notablement la durée du forage. L'emploi des tiges de bois ne se prêtait qu'assez imparfaitement au mouvement de rotation du foret destiné à réduire les terrains en fragments; ces tiges résistent mal à la torsion, tandis qu'elles offrent la plus grande résistance lorsqu'elles n'ont à supporter que des efforts de traction longitudinale. Cette remarque donna à M. Kind l'idée de remplacer le foret par un trépan à chute libre n'agissant que par percussion.

Ces deux perfectionnements, qui constituaient un procédé entièrement nouveau, avaient parfaitement réussi dans tous les sondages dont M. Kind avait été chargé jusqu'à ce jour, et ce fut avec une confiance absolue dans le succès qu'il aborda le forage du puits de Passy.

Nous empruntons au *Moniteur* la description des principaux outils et appareils employés dans cette opération.

« L'instrument de forage est un trépan en fer forgé d'un poids considérable, armé de dents en acier fondu et assujetti à un déclic qui lui permet de se détacher de sa tige de suspension. Le déclic, ou instrument à chute libre, est formé d'un chapeau en gutta-percha, de 60 centimètres de diamètre, auquel sont adaptées les branches d'une pince qui soutient la tige du trépan. Le mode de suspension du trépan consiste dans une série de tiges en bois de sapin terminées par des douilles et des vis, qui servent à les relier facilement les unes aux autres.

« La manière dont s'opère le forage est des plus simples; tandis que l'ensemble de l'appareil descend rapidement par son propre poids, le chapeau en gutta-percha, rendu mobile autour de l'axe du déclic par deux coulisses, est retenu par la pression de l'eau qui se trouve toujours à la partie inférieure du puits, la pince s'ouvre et le trépan, devenu libre, retombe sur le fond de ce puits pour le diviser et le réduire en débris. Par contre,

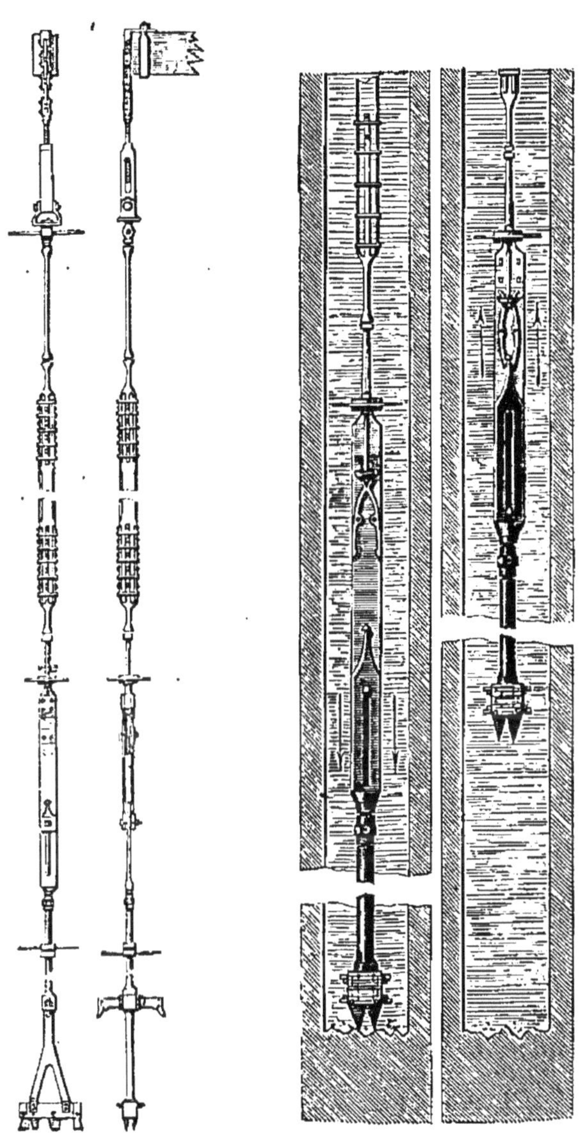

Trépan avec son déclic.

la pince se referme et soulève le trépan, lorsqu'elle re-

Intérieur du puits de Passy

monte avec le chapeau mobile sur lequel la pression de l'eau agit alors en sens opposé.

« Le mouvement oscillatoire est communiqué à l'appareil par l'une des extrémités d'un puissant balancier qui, à l'autre extrémité, est relié par une tige de fer au piston d'une machine à vapeur. Suivant la nature des couches de terrain sur lesquelles on agit, on accélère ou l'on ralentit à volonté la marche du piston et par suite celle de l'appareil de forage. La hauteur à laquelle on soulève le trépan pour le laisser retomber n'excède pas en moyenne 60 centimètres.

« Une fois le sol suffisamment creusé, on remonte le trépan à l'aide d'un câble plat enroulé sur un treuil mis en mouvement par une seconde machine à vapeur. Ce câble passe sur une poulie amarrée au sommet d'une tour établie au-dessus du puits à une hauteur suffisante pour faciliter le dévissage de la tige de suspension, formée, comme nous l'avons dit, d'une série de tiges de bois de sapin.

« Lorsque le trépan est soulevé au-dessus de l'orifice du puits, on le suspend à un plancher mobile sur rails et on l'écarte pour livrer passage à l'instrument destiné à curer le fond du puits. Cet instrument, qu'on descend en revissant successivement les tiges de bois, se compose d'un cylindre en tôle à fond mobile de 1 mètre de hauteur environ sur 80 centimètres de diamètre et qui pénètre dans le sol par son propre poids. Il est muni à sa partie inférieure de deux soupapes disposées de manière à empêcher que les matières, une fois entrées, n'en puissent plus sortir. On les remonte lorsqu'il est plein et l'on a de nouveau recours au trépan.

« La nature de l'épaisseur des couches de terrain traversées par le puits de Passy ne diffère en rien de celles qu'on a rencontrées lors du forage du puits de Grenelle. Dans les couches de craie pure on a pu creuser de 5 mètres par 24 heures, tandis que, sur d'autres points, on avançait à peine de 1 mètre dans un temps égal. Dans le silex, les dents du trépan s'usaient très rapidement ; elles perdaient près de 2 centimètres en deux heures de travail, ce qui nécessitait des réparations fréquentes, afin de maintenir la section du puits parfaitement cylindrique. »

Commencée le 15 septembre 1855, l'opération du forage marcha avec rapidité et ne fut ralentie que par quelques-uns de ces accidents qui sont presque inévitables dans un travail de cette nature. A la profondeur de 370 mètres environ, l'instrument s'engagea dans une masse de grès gris, et une partie de l'outil, du poids de 50 kilogrammes, demeura invinciblement fixée dans la roche. Après plusieurs tentatives sans résultat, on dut se décider à broyer le fer au fond du puits, et employer plus d'un mois à cet ingrat et difficile travail. Malgré ces retards, au mois de mars 1857, c'est-à-dire au bout de dix-huit mois, on était arrivé à la profondeur de 528 mètres, et on allait atteindre la couche si ardemment désirée des grès verts où se trouve la nappe aquifère. Tout semblait présager un grand succès : les dispositions avaient été prises par les ingénieurs du bois de Boulogne pour la direction à donner au fleuve souterrain dont l'irruption était imminente. La colonne monumentale qui devait élever gracieusement ces eaux jaillissantes était déjà fondue, lorsqu'un accident déplorable vint démentir tous ces heureux pressentiments !

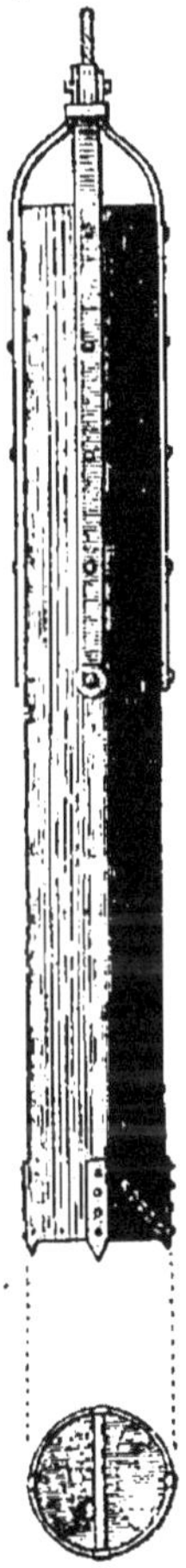

Cuiller pour le curage du puits de Passy.

Comment s'est produit ce fâcheux résultat ?

Le puits, au fur et à mesure de son forage, avait été

Coupe longitudinale du bâtiment pendant le forage du puits de Passy.

revêtu de tuyaux en tôle, destinés à maintenir les sables aquifères et les argiles qui, par leur extrême mobilité, auraient rapidement produit l'obstruction de ce puits; mais, par suite de l'insuffisance d'épaisseur de la tôle, ces cylindres ne tardèrent pas à se déformer et à s'écraser sous la pression des argiles, à 52 mètres environ au-dessous du sol. Tous les efforts de M. Kind pour retirer les tuyaux de tôle brisés ou déformés furent complètement infructueux.

Cet accident, qu'il eût été facile d'éviter en donnant à la tôle une épaisseur raisonnable, eut les conséquences les plus désastreuses : un retard de plus de trois ans dans le succès du forage et une dépense trois fois supérieure à celle qui avait été prévue. En présence de cet insuccès, la ville de Paris n'hésita pas à retirer à M. Kind la direction des travaux pour la confier aux ingénieurs du service municipal.

Après plusieurs essais restés sans résultat, on eut recours aux grands moyens. Autour du puits qu'il s'agissait de déblayer, et dont le diamètre était de 1 mètre, on se décida à en creuser un nouveau qui devait descendre à 52 mètres. Jusqu'à 40 mètres environ, ce puits, dont le diamètre n'avait pas moins de 5 mètres, fut garni de cylindres de fonte de 3 centimètres et demi d'épaisseur, avec un revêtement intérieur en maçonnerie. Mais, à partir de cette profondeur, les difficultés du travail devinrent insurmontables. Sous la pression des argiles, les tubes de fonte se fendillaient comme une vitre qui s'étoile, et plus d'une fois les ingénieurs durent descendre les premiers au fond du puits et y séjourner pour donner l'exemple de la confiance aux ouvriers qui, à chaque instant, hésitaient à continuer un travail qui n'était pas sans danger. Pour éviter de nouveaux accidents, on dut se résoudre à réduire le diamètre du nouveau puits à $1^m,70$ et garnir les parois de cylindre en tôle d'une forte épaisseur. Grâce à toutes ces précautions, on put enfin arriver à la profondeur de 52 mètres, et atteindre l'obstacle qui avait si longtemps arrêté les travaux. Le curage du puits primitif, entrepris avec vigueur, fut rapidement terminé, et le forage put être repris au point où on avait dû l'abandonner. Il fallut alors songer à l'établissement du cuvelage, et là encore de nouvelles difficultés attendaient les ingénieurs. Ce cuvelage, de 78 centimètres de diamètre, était formé de pièces de bois reliées par de solides armatures en fer; à la partie inférieure il était terminé, sur une longueur de 14 mètres, par un tube en bronze, percé de nombreuses ouvertures destinées à faciliter l'accès de l'eau, quand le tube serait plongé dans la masse de sable aquifère. Ce système de tubage, préparé d'avance, descendit sans encombre jusqu'à 550 mètres au-dessous du sol; mais, arrivé là, il s'engagea de telle façon, que toutes les tentatives faites pour le retirer restèrent infructueuses.

Les ingénieurs se trouvèrent donc en présence de difficultés analogues à celles qu'ils avaient rencontrées, mais d'une solution beaucoup moins facile, vu la profondeur. Toutefois, comme l'examen des échantillons de terrains rapportés par la sonde indiquait qu'on était très près de la couche aquifère, on se décida à faire au fond du puits un sondage d'essai sur un faible diamètre, quitte à en faire un second pour l'élargir.

A la profondeur de 570 mètres, l'eau fut rencontrée pour la première fois, mais elle s'arrêta, dans son mouvement d'ascension, au-dessous de l'orifice du puits, et on dut continuer le forage, après avoir glissé dans l'intérieur du cuvelage un second tube en tôle.

Le 24 septembre 1861, la véritable nappe jaillissante était atteinte, et des nappes d'eau énormes venaient déborder à l'extérieur.

Le débit, qui était tout d'abord de 15 000 mètres cubes par jour, ne tarda pas à s'élever pour se fixer définitivement à 17 000 mètres cubes, c'est-à-dire vingt fois

Coupe de l'atelier du puits de Passy au moment où l'eau jaillissante
est arrivée au niveau du sol.

3

environ celui du puits de Grenelle. Les promesses de M. Kind étaient, comme on le voit, largement dépassées.

Dans le courant de l'année 1867, un accident d'une extrême gravité est venu compromettre ce beau résultat ; après être resté constant pendant une très longue période, le débit du puits commença à diminuer rapidement et à descendre au chiffre relativement minime de 1500 mètres cubes par jour.

Après bien des recherches infructueuses, on finit par découvrir la cause de cette énorme diminution de débit. Dans la construction du puits, on avait adopté, comme nous l'avons dit, un cuvelage en bois, dont les divers tronçons étaient composés de douves jointives, consolidées par de fortes armatures en fer.

A un certain moment, sous l'action de la pression transmise par les terres, laquelle croît rapidement avec la profondeur, quelques-unes de ces douves se sont disjointes, il s'est formé ce qu'on appelle un plan de fuite ; l'eau a pu dès lors passer extérieurement, monter le long du tube et venir s'absorber dans les couches supérieures du terrain tertiaire.

La cause de l'accident une fois reconnue, on se mit courageusement à l'œuvre pour la faire disparaître. Malgré les difficultés de toute nature que présentait ce travail de réparation, exécuté à une grande profondeur au-dessous du sol, il fut entièrement terminé dans un temps relativement très court ; le débit remonta assez rapidement, mais sans revenir cependant à sa valeur primitive. Dans ces dernières années, il s'est encore abaissé et aujourd'hui il ne dépasse guère 6000 mètres cubes. — En présence des brillants résultats fournis à l'origine par le forage de Passy, l'administration municipale s'était décidée à faire construire deux nouveaux puits, l'un à la Butte-aux-Cailles, près de la barrière Fontainebleau, l'autre sur la place Hébert, à la Chapelle-Saint-Denis. Ces positions ont été choisies de manière à ce que les trois forages, placés à peu près aux trois sommets d'un triangle équilatéral, soient à la plus grande distance possible les uns des autres.

Les deux nouveaux forages doivent atteindre non seulement la nappe rencontrée à Passy, mais encore descendre dans la formation des sables verts pour recueillir les différentes nappes que l'on suppose y exister et atteindre même, s'il est possible, jusqu'aux terrains jurassiques.

Malgré l'habileté des sondeurs auxquels ils ont été confiés, ces forages, commencés depuis près de 15 ans, ne sont pas encore terminés aujourd'hui. Après une assez longue interruption, due à des accidents d'une gravité exceptionnelle, les travaux du puits de la place Hébert ont été repris en 1882. S'il ne survient pas de nouveaux accidents, ils pourront être terminés à la fin de l'année 1883. En se basant sur la comparaison du diamètre de ce nouveau puits à celui du puits de Passy, on espère obtenir un débit de 15 000 mètres cubes par jour.

§ 3

Puits artésiens du Sahara. — Procédés primitifs des puisatiers arabes. — Fontaine de la Poix. — Puits de Sidi-Rached. — Conséquences de la création des puits dans le désert.

C'est un singulier phénomène que celui de l'existence des oasis au milieu des déserts brûlants de l'Afrique. Entourées de tous côtés par des sables mobiles, elles forment des îlots de verdure, où les caravanes peuvent se reposer des cruelles fatigues de leurs courses aventureuses à travers l'immensité du désert.

Qu'au milieu de ces vastes plaines brûlées par le soleil,

Coupe du puits artésien de Passy.

vienne à jaillir une source, aussitôt les végétaux, rencontrant l'humidité qui, jointe à la chaleur, constitue les conditions essentielles de leur développement, germeront sur les bords de cette eau bienfaisante ; le sol, amélioré par leurs débris, subira une rapide transformation, et l'homme pourra s'établir là où naguère il eût été impuissant à lutter contre la fatigue, la soif et la faim.

Si donc la nature avait voulu que, dans ces immenses plaines du Sahara, on pût produire à volonté le merveilleux phénomène hydraulique des puits artésiens, la création d'innombrables oasis en serait la conséquence, et le désert serait véritablement conquis.

Or, sur une immense étendue, à 800 lieues d'intervalle, depuis l'Algérie jusqu'à l'Égypte, circulent d'immenses nappes souterraines auxquelles il suffit d'ouvrir un passage pour qu'elles viennent jaillir à la surface du sol. Comme jadis Moïse dans le désert du Sinaï, en frappant le sable aride de sa verge de fer, le sondeur fait jaillir des fontaines.

Cette propriété des eaux souterraines était connue des Romains et des Égyptiens, ainsi que le prouvent de nombreux témoignages.

Suivant Diodore, évêque de Tarse, mort à la fin du quatrième siècle, la grande oasis qu'on rencontre dans le désert, à 150 kilomètres environ des frontières égyptiennes, ne devait sa fertilité qu'aux puits jaillissants creusés par la main de l'homme : « Pourquoi, dit-il, la région intérieure de la Thébaïde, qu'on nomme Oasis, n'a-t-elle ni rivière, ni pluies qui l'arrosent, et n'est-elle vivifiée que par les fontaines qui sourdent de terre, non d'elles-mêmes, non par les pluies qui tombent sur la terre et qui en ressortent par ses veines, comme chez nous, mais grâce à un grand travail des habitants ? »

Ce curieux passage de l'évêque de Tarse concorde parfaitement avec le témoignage d'Olympiodore que nous avons cité au commencement de cet article.

Ainsi donc l'existence de puits artésiens dans l'Oasis, aux premiers siècles de l'ère chrétienne, est tout à fait hors de doute. Mais comme d'ailleurs l'Oasis était célèbre, dès la plus haute antiquité, par la beauté de la végétation, laquelle ne pouvait guère être due qu'au jaillissement des eaux souterraines, on est amené forcément à cette conclusion qu'il existait des puits artésiens dans l'Oasis, dès l'époque où les historiens nous parlent de sa fertilité.

Dans ces dernières années, un manufacturier français, M. Ayme, nommé gouverneur des deux oasis par le pacha d'Égypte, a envoyé à la Société d'Encouragement des renseignements pleins d'intérêt sur la découverte d'anciens puits artésiens dans cette partie du désert.

« Les deux oasis, dit-il, sont, si l'on peut s'exprimer ainsi, criblées de puits artésiens. J'en ai nettoyé plusieurs ; j'ai bien réussi ; mais les dépenses sont grandes, par suite des quantités de bois dont il faut garnir toutes les ouvertures d'en haut, qui sont d'un carré de 6 à 10 pieds, pour éviter les éboulements. Les ouvertures ont de 60 à 75 pieds de profondeur. A cette distance, on rencontre une roche calcaire sous laquelle se trouve une masse d'eau ou courant, qui serait capable d'inonder les oasis, si les anciens Égyptiens n'avaient établi des soupapes de sûreté en pierre dure, de la forme d'une poire, armée d'un anneau en fer pour avoir la facilité de la faire entrer et la retirer au besoin de l'algue de la fontaine. L'algue, ainsi appelée par les Arabes, est le trou pratiqué dans le rocher calcaire qui, suivant la quantité d'eau qu'on veut rendre ascendante, a de 4 à 8 pouces de diamètre. Mes recherches et l'expérience m'ont fait connaître que les anciens opéraient ainsi. Ils commençaient par établir un puits carré, jusqu'à ce qu'ils eussent trouvé la roche calcaire, sous laquelle se trouve cette immense quantité d'eau ; une fois la roche reconnue, ils garnissaient les quatre façades de planches à triple doublage, pour

Un puits dans le désert.

éviter les éboulements des terres. Ce travail, qui se fait à sec, terminé, ils perçaient la roche, soit avec des tiges de fer, soit avec un fer très lourd, attaché à une poulie. Tous les trous qui sont dans la roche calcaire ont de 300 à 400 pieds pour arriver au cours d'eau souterrain. Au fond de ces trous on trouve du sable comme celui du Nil. Le fait matériel qui me confirme le plus dans mon opinion sur ce cours souterrain, c'est que j'ai nettoyé une fontaine à la profondeur de 325 pieds, qui me donne du poisson pour ma table. Tous les bois des anciennes fontaines sont pourris. »

Les Romains, qui, dans leur vaste empire, ont possédé longtemps les oasis, ont nécessairement dû s'y instruire dans l'industrie si curieuse des puits artésiens et la transporter partout où elle leur aura paru applicable. Ce qui peut rendre cette opinion assez vraisemblable, c'est qu'on rencontre en Algérie des puits artésiens qui, par leur état d'ancienneté, doivent remonter au moins à l'époque de la domination romaine.

Mais si les habitants du Sahara n'étaient pas étrangers à l'art de creuser des puits pour obtenir des eaux jaillissantes, il faut bien reconnaître que les moyens dont ils disposaient étaient tout à fait barbares et ne pouvaient conduire à quelques résultats qu'au prix des plus grands sacrifices.

Chez les Arabes, aujourd'hui encore, le travail du creusement se fait à la main ou avec les outils les plus grossiers, qui consistent en une petite pioche pour creuser la terre, et un panier fixé à une corde pour retirer les déblais. L'impossibilité d'épuiser les eaux d'infiltration contraint les puisatiers arabes à travailler fréquemment sous l'eau; aussi, quand ils ne périssent pas par suffocation, succombent-ils fatalement à la phthisie pulmonaire, au bout de quelques années. Chaque plongeur reste à peine trois minutes sous l'eau et ne fait dans une journée que trois ou quatre immersions. Aussi la quantité de terres qu'il retire est-elle excessivement faible.

Dans de pareilles conditions, le creusement d'un puits marche avec une extrême lenteur et exige souvent quatre ou cinq années pour arriver à une profondeur de moins de 80 mètres.

La manière dont les puisatiers arabes procèdent à leur pénible travail est assez curieuse pour que nous croyions utile d'en donner une description d'après un habile ingénieur, M. Ch. Laurent, qui a longtemps étudié le Sahara oriental.

« Près de l'ouverture du puits, se trouve un feu assez vif où ces plongeurs, la plupart phthisiques et abrutis par l'abus du kif (espèce de chanvre indien qu'ils fument), se chauffent fortement et avec le plus grand soin tout le corps, avant d'entreprendre leur descente. Leurs cheveux sont rasés et leurs oreilles seules sont bouchées avec du coton, imprégné de graisse de chanvre.

« Ainsi chauffé et préparé, l'homme dont le tour de faire le plongeon est arrivé, descend dans le puits et entre dans l'eau jusqu'au-dessus des épaules. Assujetti dans cette position au moyen des pieds, qu'il fixe aux boisages, il fait ses ablutions, quelques prières, puis tousse, crache, éternue, se mouche, amène sa bouche au niveau de l'eau, fait une série d'inspirations et d'expirations assez bruyantes, et enfin, tous ces préparatifs terminés (ils durent au moins devant les étrangers une dizaine de minutes), il saisit la corde et semble se laisser glisser. Arrivé au fond, à l'aide des mains, ou plutôt d'une main, il remplit le panier qui l'a précédé. L'opération faite, il ressaisit sa corde des deux mains et remonte. Il est probable que souvent il est obligé de s'aider de cette corde ou du poids qui y est fixé pour se maintenir au fond, ayant à vaincre une force ascensionnelle qui tend à le ramener à la surface.

« Quelquefois il arrive que le plongeur est suffoqué,

soit avant d'arriver au fond, soit pendant son travail, soit pendant qu'il accomplit son ascension pour revenir au jour. Un de ses camarades, qui, tout le temps que dure l'opération, tient attentivement la corde servant de direction ou de signal, averti, par quelques mouvements et secousses imprimés à la corde, du danger que court le patient, se précipite à son secours, tandis qu'un autre le remplace à son poste d'observation, qu'il quitte aussi à un nouveau signal pour aller au secours de ses deux confrères, ainsi que je l'ai vu. Trois plongeurs se trouvaient donc ensemble; deux ayant réclamé du secours dans ce puits de dimensions si restreintes, cette grappe humaine est revenue à la surface, le premier descendu en dessus et le dernier en dessous.

« Le premier mouvement de ceux qui ont été secourus est d'embrasser le sommet de la tête de leur sauveur en signe de reconnaissance. Il est à remarquer que ceux qui plongent au secours de leurs confrères le font instantanément, sans se préoccuper des préparatifs minutieux pratiqués par le premier descendu.

« Sur six plongeurs successifs réunis autour de ce puits, la durée de chaque immersion a varié entre deux minutes et deux minutes quarante secondes. Plusieurs officiers supérieurs, qui étaient présents avec moi à l'opération, m'ont affirmé avoir vu, l'année précédente, rester trois minutes. On remarquera que la profondeur du puits n'était à ce moment que de 45 mètres; que l'eau était dormante, que sur six plongeurs, deux ont réclamé du secours, et que le résultat de leur travail fut deux coffins de sable, pouvant contenir 8 à 10 litres. Que doit-il donc se passer lorsque le puits a 80 mètres et que l'eau a un écoulement, quelque léger qu'il soit? »

Avec de pareils moyens, aussi dangereux qu'imparfaits, la plus légère difficulté suffisait pour arrêter et paralyser les travaux de creusement. Une couche de terrain un peu trop dure à traverser, l'invasion des sables devenaient souvent des obstacles à peu près insurmontables ; aussi beaucoup de puits sont-ils demeurés inachevés, alors qu'il restait à peine quelques mètres à percer pour atteindre la nappe d'eau jaillissante.

A tous les obstacles que présente l'opération du creusement vient s'ajouter un inconvénient non moins grave, résultant du mode de revêtement des parois ; les parties exposées aux éboulements reçoivent une espèce de coffrage en bois de palmier, grossièrement travaillé. Que ce boisage vienne à pourrir et à céder sous l'action de la pression des terres, les sables aussitôt font irruption, arrêtent l'écoulement de l'eau, que souvent les plongeurs sont impuissants à rétablir ; et alors, à la place du puits qui répandait autour de lui la fécondité et la vie, le pauvre habitant du désert ne trouve plus qu'un trou rempli d'eau stagnante, que les rayons du soleil et les débris des feuilles de palmier transforment rapidement en un réservoir de corruption.

Ainsi donc, avec les procédés arabes, la construction des puits offrait non seulement d'immenses difficultés d'exécution, mais encore le succès était souvent fort éphémère. Il appartenait à la race européenne de tenter cette transformation si désirable du désert. Seule, par sa puissance et son industrie, elle était capable d'accomplir cet immense travail. L'œuvre commencée depuis trente ans à peine a donné déjà de merveilleux résultats.

Au général Desvaux revient l'honneur d'avoir appelé l'attention du gouvernement français sur l'opportunité de tenter des sondages artésiens sous les sables du désert. Dans un de ses rapports au gouverneur de l'Algérie, il raconte comment il a été amené à présenter comme un bienfait l'exécution de pareils travaux.

« En 1854, dit-il, me trouvant à Sidi-Rached, au nord de Touggourt, le hasard m'avait conduit au sommet d'un mamelon de sable qui domine l'oasis entière. Vous dire l'impression que me causa la vue de cette oasis est impossible; à ma droite, les palmiers verdoyants, les jardins cultivés, la vie, en un mot; à ma gauche, la stérilité, la désolation, la mort! Je fis appeler le cheik et les habitants, et l'on m'apprit que ces différences tenaient à ce que les puits du nord étaient comblés par le sable, et que les eaux parasites empêchaient de creuser de nouveaux puits. Encore quelques jours, et cette population devait se disperser... Je compris en ce moment les féconds résultats que pourraient donner dans cette contrée les travaux artésiens, et, grâce à vous, monsieur le gouverneur général, qui avez bien voulu accueillir mes propositions, leur donner un appui, la vie sera rendue à plusieurs oasis de l'Oued-R'ir, et l'avenir renferme les espérances les plus magnifiques. »

A .la fin de cette année 1854, les portes de Touggourt étaient ouvertes après de glorieux combats. L'Oued-R'ir, l'Oued-Souf s'étaient soumis à la France. Les tribus nomades ne pouvaient plus se livrer à leurs brigandages séculaires.

Aux bienfaits de cette paix, inconnue jusqu'alors, qui devait faire accepter des maîtres puissants, mais d'une religion ennemie, il fallait joindre l'influence des travaux publics qui, partout et dans le Sahara plus qu'ailleurs, frappent l'imagination et démontrent la supériorité de l'Européen sur l'indigène. Ce fut alors que le forage des puits artésiens fut décidé et que tout fut préparé pour son exécution. Après des difficultés incroyables, le matériel de sondage fut amené à travers les sables, jusqu'au point fixé pour le forage d'un premier puits artésien à Tamerna, dans l'Oued-R'ir.

Le premier coup de sonde était donné dans les premiers jours du mois de mai 1856, et le 19 juin, à la profondeur de 60 mètres, le forage atteignait une nappe jaillissante et donnait naissance à une véritable rivière fournissant plus de 4000 litres par minute, c'est-à-dire quatre à cinq fois plus d'eau que n'en débite notre puits de Grenelle.

Cette nappe bienfaisante, qui s'élançait des entrailles de la terre, venait récompenser le courage de nos soldats et inaugurer la série de ces travaux qui feront bénir le nom français par les populations sahariennes.

L'enthousiasme et la joie des indigènes furent immenses. La nouvelle se répandit dans le Sud avec une rapidité inouïe, et les Arabes vinrent de très loin admirer cette merveille. Dans une fête solennelle, les marabouts avaient béni la fontaine nouvelle et lui avaient donné le nom de *Fontaine de la paix.*

L'oasis de Sidi-Rached, située à 26 kilomètres au nord de Touggourt, était menacée d'une ruine prochaine : la moitié de ses palmiers avaient péri, le flot de sable montait chaque jour, les habitants avaient tenté de creuser un puits; mais, à 40 mètres de profondeur, ils avaient rencontré un banc de gypse terreux très dur, qu'ils n'avaient pu percer. Les eaux parasites avaient envahi et noyé leurs travaux; enfin, l'instant était marqué où cette population allait devoir se disperser. C'est dans ces circonstances critiques que l'atelier français arrive à Sidi-Rached. Une colonne de tubes est descendue dans le puits abandonné : le trépan perce aisément la couche de gypse devant laquelle les indigènes avaient dû avouer leur impuissance, et, après quatre jours de travail, une nappe jaillissante de 4300 litres d'eau par minute sortait des entrailles de la terre comme un fleuve bienfaisant. L'effet produit par ce forage fut prodigieux, et, par le récit de quelques-unes des scènes touchantes auxquelles il donna lieu, on peut se faire une idée exacte de l'influence que doivent avoir dans l'avenir ces utiles travaux. Bien plus efficacement que notre puissance militaire, ils sauront nous attacher les tribus du désert.

Aussitôt que les cris de nos soldats eurent annoncé que l'eau venait de jaillir, les indigènes accoururent en

foule se précipiter sur cette rivière bénie, arrachée aux
mystérieuses profondeurs de la terre. Les mères y bai-
gnaient leurs enfants. A la vue de cette onde qui rend
la vie à sa famille, à l'oasis de ses pères, le vieux cheik
de Sidi-Rached ne peut maîtriser son émotion, et, tombant à genoux, les yeux remplis de larmes, il élève ses
mains tremblantes vers le ciel, remerciant Dieu et les
Français.

« Nulle part encore, en si peu de temps, dit le général Desvaux, nous n'avions prouvé combien nos procédés de sondage l'emportent sur ceux usités jusqu'alors ;
en quatre jours, nous venions de faire ce qui avait été
cru impossible, et nous avions eu le bonheur de rendre
la vie à un groupe de population menacé dans ses plus
chers intérêts. »

Sous la vigoureuse impulsion du général que nous
venons de citer, les travaux de forage ont été poussés
avec une grande activité, et après cinq années de travaux, cinquante puits avaient été forés, donnant ensemble près de 40 000 litres d'eau par minute, ou
57 000 mètres cubes par 24 heures, ce qui représente
le débit de plusieurs rivières. La dépense totale n'a pas
dépassé 300 000 francs.

Est-il nécessaire de répéter qu'en dotant les déserts
du Sahara de ces sources merveilleuses, on a fait naître
l'activité et la vie dans des régions jusque-là remarquables seulement par leur aridité? En cinq années, plus
de 30 000 palmiers ont été plantés, de nombreuses oasis
se sont relevées de leurs ruines, et deux villages nouveaux ont été créés dans le désert.

Les forages artésiens ont donné lieu à un fait des plus
importants, à une révolution remarquable dans la constitution de la société arabe.

Certaines tribus nomades se sont fixées définitivement
dans les oasis nouvelles, et le jour n'est sans doute pas
éloigné où l'on verra complètement disparaître ces émi-

grations périodiques des nomades qui, traînant à leur
suite famille et troupeaux, causent sur leur passage une
véritable perturbation.

« Depuis la conquête de l'Afrique, dit le général
Desvaux, les grandes tribus arabes du Sahara avaient
conservé avec pureté la langue et les mœurs de leurs
ancêtres; rien n'avait pu les faire renoncer aux habitudes de la vie de pasteur; il a suffi de quelques années
de la domination française, de quelques puits artésiens
pour faire brèche à une civilisation séculaire, aux
instincts d'une race immuable, malgré ses déplacements
fréquents. « Le progrès matériel a été suivi du progrès
moral. »

CHAPITRE II

CANAUX

---

§ 1er

De toutes les industries, la plus importante, la plus
indispensable, chez un peuple civilisé, est l'industrie
des transports. C'est d'elle, en effet, que dépendent
l'arrivage des matières premières, l'écoulement des produits manufacturés, l'importation, l'exportation, en un
mot, les principaux éléments de la richesse publique.

De là l'intérêt exceptionnel qui, de tout temps, s'est
attaché aux développements des voies de communication et aux perfectionnements des moyens de traction.

A l'origine, la pensée de l'homme se tourna naturellement vers les rivières, qui lui permettaient d'utiliser, au
point de vue des transports, une force considérable,
sans cesse renaissante et entièrement gratuite.

Aussi, dans l'antiquité, voyons-nous presque toujours les villes établies sur les bords de cours d'eau qui les mettaient facilement en relation les unes avec les autres. De même, les armées en marche suivaient constamment les rives des fleuves qui se chargeaient de transporter, sans frais et sans difficultés, vivres, machines de toutes sortes et bagages encombrants.

Mais tous les cours d'eau ne sont pas susceptibles de rendre ces éminents services à l'industrie des transports. Les uns ont un cours trop rapide et représentent de tels dangers que la navigation y est impossible; d'autres, exposés, pendant certains mois de l'année, à des crues subites et formidables, présentent à d'autres époques un débit insuffisant pour les plus petits bateaux. Enfin, et c'est là leur défaut capital, les rivières sont localisées; elles ne desservent qu'un nombre de points du territoire relativement restreint.

Prenons pour exemple la France. En jetant les yeux sur une carte, il est facile de voir que tous les cours d'eau qui la parcourent peuvent se diviser en deux grandes catégories. Les uns se dirigent vers l'océan Atlantique, les autres vers la Méditerranée. Une chaîne non interrompue de montagnes, constituée par les Vosges, les monts du Morvan, du Beaujolais, du Charolais et les Cévennes, forme, en quelque sorte, l'arête, l'intersection de deux immenses surfaces, inclinées, l'une vers l'Océan, l'autre vers la Méditerranée. Cette chaîne a reçu le nom de ligne de partage des eaux. Mais de ce tronc principal partent des ramifications. Des chaînes secondaires divisent ces deux versants en une série de bassins moins importants, dans lesquels se trouvent enclavés les rivières et leurs affluents.

Chaque bassin forme en quelque sorte un versant en miniature, un tout dans le tout, et la disposition de l'ensemble n'est que la reproduction en grand de la disposition de détail.

En résumé, un versant est séparé de son voisin par la ligne de partage des eaux, dont les ramifications constituent elles-mêmes les lignes de séparation des divers bassins.

La rivière, dans le bassin qui lui correspond, chemine en suivant une ligne formée par les points les plus bas de la vallée, et qui se nomme le thalweg.

Chaque cours d'eau est ainsi, en quelque sorte, emprisonné dans la vallée qu'il arrose et condamné à suivre le chemin qui lui a été tracé en vertu des éternelles lois de la pesanteur.

Lors même qu'il est navigable, il ne peut servir de voie de communication que pour les localités situées près de son cours.

Les cours d'eau naturels sont donc impuissants à fournir une solution complète du problème des transports, et c'est à la science que revient tout entier l'honneur d'avoir réalisé cette solution, de la manière la plus satisfaisante, par la création des rivières artificielles ou canaux.

L'idée première de cette création n'est pas nouvelle; mais, à l'origine, les canaux ne paraissent pas avoir été construits dans le but de servir au transport des marchandises. Ils ont plutôt le caractère de canaux de desséchement ou d'irrigation.

Les Égyptiens, qui, à partir d'une certaine époque, se servirent de canaux comme voies de communication, les avaient établis primitivement dans le but d'employer la surabondance des eaux du Nil à l'irrigation de leurs terres desséchées.

Les Étrusques et, après eux, les Romains, ne creusèrent que des canaux de desséchement, soit pour assainir les marais Pontins, soit pour transformer en sol cultivable le fond du lac Albano ou celui du lac Fucino.

Plus tard, au onzième siècle, les villes lombardes

entreprirent cette œuvre colossale de canalisation à laquelle le pays doit son admirable fertilité.

En France, Charlemagne avait conçu le projet de réunir par un canal le Rhin au Danube; mais les guerres perpétuelles qu'il eut à soutenir s'opposèrent à la réalisation de cette gigantesque entreprise. Il faut venir ensuite jusqu'à Charles V pour trouver de nouveau un projet sérieux de canalisation. Ce prince eut l'idée de réunir par un canal la Seine à la Loire; mais les études de ce projet furent interrompues par la mort du roi.

« Les premières grandes associations de capitaux pour l'achèvement des travaux publics, dit M. Dareste de la Chavanne, ne commencèrent que sous les règnes de Charles VII et de Louis XI, et le premier objet qu'elles se proposèrent fut d'améliorer le cours des rivières et de faciliter la navigation. L'Eure fut ainsi rendue navigable en 1472, et la Seine le fut à la remonte jusqu'à Troyes. Ces entreprises étaient l'œuvre de compagnies de marchands, qui obtenaient l'autorisation de s'imposer à cet effet, achetaient des droits de péage, perçus jusqu'alors par les seigneurs riverains, les percevaient à leur tour et en réglaient l'emploi dans un but d'utilité commune. »

En 1484, les états généraux de Tours avaient demandé la construction d'un canal en Berry. Un projet fut approuvé en 1554, mais il n'aboutit pas.

Ce fut à la même époque que le célèbre ingénieur Adam de Crapponne présenta à Henri II un projet de canal destiné à réunir le Rhône à la Durance, en touchant à l'étang de Berre.

Pendant toute la période comprise entre les règnes de François Ier et de Henri IV, on voit éclore les idées plus ou moins rationnelles ou bizarres de Nicolas Bachelier, Pierre Renau, Bernard Aribal, Antoine Baudon et de tant d'autres, sur les moyens les plus propres à

opérer la jonction de l'océan Aquitanique avec la mer de
Narbonne.

A partir de Henri IV, les avantages de la navigation
par les rivières artificielles sont définitivement constatés
et l'on voit surgir, de tous côtés, des projets sérieux de
canalisation.

Mais, avant de continuer l'historique des canaux en
France, il nous paraît utile d'entrer dans quelques détails sur le tracé, la construction et l'alimentation des
deux principales espèces de canaux, les canaux latéraux
et les canaux à point de partage.

Lorsqu'une rivière présente pour la navigation des
difficultés à peu près insurmontables, on la remplace
par un canal latéral. La Loire, par exemple, a un lit
très large et une pente très considérable. Pour l'appro-
prier à la navigation, il serait indispensable de construire des barrages très rapprochés et très dispendieux,
puisque son lit n'a pas moins de 400 mètres de largeur.
L'exécution d'une voie artificielle offre, en pareil cas,
de très grands avantages.

Un canal latéral ne doit pas sortir de la vallée du
fleuve qu'il est destiné à remplacer. Son tracé se trouve
donc déjà, par cela même, circonscrit dans des limites
assez étroites; mais d'autres considérations viennent
encore resserrer ces limites. Pour les canaux, en effet,
comme pour tous les ouvrages d'art de cette importance, il faut toujours s'astreindre aux exigences de la
plus stricte économie, sans négliger, toutefois, les conditions de stabilité que réclame toute construction de
longue durée.

Or, les différents points d'une vallée, suivant leur constitution géologique, peuvent présenter des terrains plus
ou moins perméables, et l'on comprend qu'il y a tout
avantage à établir le lit du canal sur un sol aussi étanche
que possible, afin d'éviter des travaux spéciaux, souvent
peu efficaces, toujours fort dispendieux.

En second lieu, la rivière que le canal est appelé à remplacer est sujette, comme tous les cours d'eau, à des crues, à des débordements dont le rayon d'action est souvent fort étendu; il est indispensable de mettre le canal à l'abri de ces inondations, et, pour arriver à ce résultat, le moyen le plus simple, lorsqu'il est applicable, c'est de le tracer à une assez grande distance de la rivière. Sinon, il faut recourir aux endiguements et acheter ainsi, par d'immenses travaux d'établissement et d'entretien, une sécurité souvent trompeuse.

Que de digues, en effet, établies en apparence dans les meilleures conditions de résistance et de durée, ne peuvent résister aux attaques sans cesse renouvelées d'un fleuve en fureur, et entraînent, par leur rupture, d'épouvantables sinistres !

Un autre élément, la valeur des terrains traversés, joue un rôle important dans le tracé des canaux latéraux; pour réduire, autant que possible, les dépenses d'acquisition, il faut éviter, avec le plus grand soin, les propriétés d'une grande valeur. L'économie la plus insignifiante, en apparence, sur le prix d'un hectare, prend de suite une certaine importance en raison du développement considérable qu'il est le plus souvent nécessaire de donner à ces cours d'eau artificiels.

Ainsi, le canal latéral à la Loire, dont la longueur est de 240 kilomètres, sur une largeur moyenne de 50 mètres, occupe une superficie de 1200 hectares, c'est-à-dire 50 fois environ celle du Champ de Mars.

Les considérations précédentes permettent de se faire une idée des nombreuses difficultés qui s'offrent tout d'abord à l'ingénieur chargé du tracé d'un canal latéral. Il a besoin de toute sa sagacité, de toute son expérience, pour peser les avantages et les inconvénients de chaque disposition. Il doit connaître, en chaque point, la constitution géologique de la vallée et la valeur des divers terrains; il doit étudier le régime de la rivière qu'il côloie, limiter sur son plan le champ des débordements du cours d'eau principal et de ses affluents, diriger son tracé en dehors de ce périmètre exposé, ou, s'il est contraint d'y pénétrer, assurer la défense de ses digues contre les envahissements du fleuve; il doit enfin, et par-dessus tout, assurer l'alimentation de la rivière artificielle dont il est le créateur, et parer aux pertes incessantes dues aux filtrations, à l'évaporation et à la navigation elle-même : pertes dont nous apprécierons plus tard l'importance.

Depuis sa source jusqu'à son embouchure, le lit d'une rivière est constamment en pente; sous l'action de la pesanteur, les eaux roulent sur la série des plans inclinés qui forment le thalweg et donnent naissance à une force motrice entièrement gratuite, se renouvelant sans cesse, que l'homme peut utiliser, soit directement, soit en la transformant au moyen de machines variées dont les plus importantes sont les roues hydrauliques et les turbines.

Qu'on supprime cette pente, et la rivière cessera d'exister; soustraites à l'action de la pesanteur, ses eaux resteront immobiles, et la surface présentera l'apparence d'un lac; elle sera horizontale sur toute son étendue. Cette absence de pente que la nature a sagement évitée pour les rivières, l'homme a dû la réaliser dans les canaux, et cela pour des raisons faciles à comprendre. Un canal avec une pente serait un véritable fleuve et exigerait, par suite, une source et des affluents, destinés à renouveler sans cesse le volume de l'eau écoulée.

Une pareille nécessité entraînerait de telles complications que la création d'un canal serait, dans la plupart des cas, une œuvre impossible. Ainsi donc, une première condition à laquelle on doit satisfaire, c'est que l'eau dans un canal reste immobile. Mais doit-elle être au même niveau aux deux extrémités? Supposons que les deux points de la rivière entre lesquels il s'agit d'établir un canal soient séparés par une distance de 200 kilomètres ; avec une pente moyenne de 2 millimètres seulement, la différence de niveau entre les deux points extrêmes serait de 400 mètres. Le canal, établi à l'une des extrémités au même niveau que la rivière, arriverait donc à 400 mètres au-dessus, à l'autre point de jonction. Sans parler des difficultés et des frais de construction qu'entraînerait une construction effectuée dans de semblables conditions, on comprend de suite qu'une pareille dénivellation rendrait à peu près impossible le passage des bateaux de l'un des cours d'eau dans l'autre. Il faut donc que le canal ait, en chaque point, son lit horizontal, et qu'aux points de départ et d'arrivée le niveau soit sensiblement le même que celui de la rivière avec laquelle il doit communiquer. Il est évident que cette double condition ne peut être réalisée qu'en fractionnant la longueur du canal en un certain nombre de parties horizontales étagées, et dont chacune, isolée de la suivante, puisse cependant être mise facilement en communication avec elle. Ce dernier problème se trouve résolu, avec une merveilleuse simplicité, par l'emploi des écluses.

Imaginons un tube creux, recourbé en forme d'U, et muni d'un robinet à la partie inférieure ; versons de l'eau dans l'une des branches et ouvrons le robinet : une partie du liquide va passer dans l'autre branche, y monter et, lorsque toute oscillation aura disparu, les surfaces du liquide dans les deux branches se trouveront sur un même plan horizontal ; elles seront, comme on dit, au même niveau. Ce principe est d'ailleurs indépendant de la forme de chaque branche, de la longueur du tube de communication, etc.

Faisons maintenant une autre expérience ; dans un vase rempli d'eau et muni également d'un robinet à sa partie inférieure, plaçons un corps moins dense que l'eau, un morceau de liège, par exemple : il flottera à la surface. Si l'on vient à ouvrir le robinet, le niveau de l'eau commencera à baisser, et le morceau de liège descendra avec le liquide en surnageant toujours. Que maintenant l'on ferme le robinet et qu'on verse de l'eau nouvelle dans le vase, le liège remontera en se maintenant constamment à la surface.

Ces deux expériences, si simples en apparence, si familières à tout le monde, qu'il peut sembler superflu de les

Passage de bateaux sur le canal Saint-Denis.

rappeler, renferment à elles seules toute la théorie des écluses.

Reprenons, en effet, notre canal divisé, comme nous l'avons dit, en plusieurs parties ou biefs, situés à des niveaux différents. Imaginons entre ces deux biefs un grand réservoir d'une capacité suffisante pour recevoir un ou plusieurs bateaux.

Ce réservoir, que l'on appelle un sas, est fermé à ses deux extrémités par des portes, munies, à leur partie inférieure, de petites vannes dont l'ouverture permet d'établir une communication entre le sas et chacun des biefs. Le fond du sas est au même niveau que celui du bief le moins élevé.

Les portes et les vannes se trouvant fermées, supposons qu'un bateau se présente à la porte qui sépare le sas du bief supérieur. Si, à cet instant, on vient à lever la vanne, l'eau se précipitera, en bouillonnant, par le passage qui lui est offert et, en vertu du principe qui vient d'être rappelé, elle se mettra au même niveau dans le sas et dans le bief. La pression étant alors la même sur les deux faces, la porte pourra s'ouvrir sans difficulté et le bateau entrer sans effort dans le sas. A peine est-il complètement introduit qu'on l'emprisonne, en refermant, derrière lui, la porte du bief supérieur.

En levant la vanne de l'autre porte, le même phénomène se reproduit; l'eau du sas, entraînant avec elle le bateau, descend pour se mettre au niveau du bief inférieur.

Il suffit alors d'ouvrir la porte en grand pour que le bateau, descendu d'une hauteur souvent considérable, soit libre de continuer sa route jusqu'à la rencontre d'une nouvelle écluse.

Un canal, disposé en étages successifs, séparés par des écluses, joue, en quelque sorte, le rôle d'un escalier gigantesque dont les marches, mobiles d'elles-mêmes, montent ou baissent à volonté et fournissent ainsi, sans exiger d'efforts, le moyen le plus simple pour faire passer d'un étage à l'autre les poids les plus considérables.

C'est à la fin du quinzième siècle, quelques années avant la naissance du célèbre Adam de Crapponne, qu'un ingénieur de Viterbe, Philippe Visconti, imagina les écluses à sas.

Les premières furent exécutées sur la Brenta, près de Padoue; bientôt cette importante découverte fut appliquée en grand, dans les États de Venise, aux canaux de l'Adda et du Tessin, par l'illustre Léonard de Vinci, qui l'avait perfectionnée et qui l'importa en France, vers la fin du quinzième siècle.

On était alors à cette époque si féconde en génies, qui étonnaient le monde, autant par leur puissance que par leur universalité. C'était le siècle des Michel-Ange, des Benvenuto Cellini, des Léonard de Vinci, tous aussi habiles à saisir la nature et à la reproduire en traits ineffaçables, dans leurs tableaux ou leurs statues, qu'à la vaincre et à la plier au service de l'homme par leurs magnifiques travaux d'art.

L'idée de l'ingénieur italien, perfectionnée par l'artiste, ouvrait une ère nouvelle dans la construction des canaux navigables. Non seulement l'écluse offrait aux bateaux une plus grande sécurité, mais encore, ce qui était bien plus important, elle réduisait dans d'énormes proportions la dépense d'eau nécessaire à la navigation. En France, cet avantage fut immédiatement compris, et l'on vit bientôt surgir de tous côtés des projets de canaux ou de canalisation de rivières.

C'était, en quelque sorte, le prélude de l'invention des canaux à point de partage, et l'invention des écluses était la première pierre de l'édifice jamais mémorable qui fit la gloire de Riquet, le créateur du canal des deux mers.

Pour arriver à la solution complète du problème de la navigation fluviale, il faut non seulement remplacer par des canaux les parties des rivières reconnues défectueuses, mais encore réunir, par des cours d'eau artificiels, deux vallées voisines, et pour cela franchir la chaîne de montagnes, d'une hauteur souvent considérable, qui les sépare. L'établissement de cette voie de communication paraît tout d'abord exiger le percement d'un souterrain à la base de la montagne, pour permettre aux eaux de passer librement d'une vallée à l'autre. Nous n'insisterons pas sur les difficultés et les dépenses d'un pareil

travail; disons seulement que le percement du mont Cenis
a passé, à juste titre, pour une entreprise gigantesque,
bien que la longueur totale à percer ne dépassât pas 12 kilomètres.

L'idée des canaux à point de partage est venue faire
disparaître ces difficultés et fournir du problème une
solution aussi simple qu'élégante. Au lieu de suivre une
voie ouverte à grands frais à travers la montagne, pourquoi le canal ne s'élèverait-il pas le long d'un des versants
pour redescendre de l'autre côté? A cela il n'y avait
qu'une difficulté, celle de l'alimentation.

Il faut, en effet, trouver sur le sommet de la chaine une
quantité d'eau suffisante pour qu'en se déversant de part
et d'autre elle puisse alimenter les deux branches du canal
et suffire à toutes les dépenses de la navigation.

Il faut créer sur le faite un ou plusieurs réservoirs,
destinés à fournir l'eau nécessaire pour compenser les
pertes dues à l'évaporation, aux filtrations et à la navigation elle-même.

Il est de toute évidence qu'un réservoir ne peut être
établi au point culminant de ce faîte, mais seulement en
un point où puissent s'accumuler les eaux des ruisseaux
partant d'un niveau plus élevé; il y a d'ailleurs grand
avantage à ce que le point de partage du canal soit aussi
bas que possible, pour diminuer son développement sur
les deux versants de la montagne.

C'est donc, en général, parmi les cols les plus bas de
la chaine, que l'ingénieur devra choisir celui qui satisfait le mieux à toutes les conditions, et en particulier à
celle qu'on peut regarder comme essentielle, l'accumulation d'une quantité d'eau considérable.

Malheureusement, il peut arriver que les cours d'eau
situés au-dessus du col le plus bas ne fournissent qu'un
débit insuffisant. Il faut alors, de toute nécessité, abaisser le point de partage, et passer le col en souterrain, à
une profondeur assez grande pour que les nouveaux ruis-

seaux dont on peut disposer soient suffisants pour compléter les ressources nécessaires à l'alimentation.

Dans un canal à point de partage, destiné à faire communiquer deux rivières navigables, chaque branche prend en général le nom du cours d'eau principal auquel elle se rattache. Ainsi, pour le canal de Saint-Quentin, on a le versant de l'Escaut et le versant de l'Oise. Souvent aussi on désigne chaque branche par le nom de la mer à laquelle aboutissent ses eaux. Le canal du Midi a le versant de l'Océan et celui de la Méditerranée.

Une fois le point de partage établi, la construction de chaque versant se présente dans les mêmes conditions que celle d'un canal latéral; l'emploi des écluses permet toujours de racheter la déclivité du sol; la seule différence qui existe entre les deux genres de canaux est tout entière dans le mode d'alimentation.

L'alimentation d'un canal latéral ne peut évidemment présenter aucune difficulté. Il n'en est pas de même dans le canal à point de partage, où elle ne peut se faire le plus souvent qu'au moyen de réservoirs, qui offrent l'avantage de recueillir, d'emmagasiner, en quelque sorte, les eaux des sources, aux époques où elles sont surabondantes, pour les utiliser plus tard suivant les exigences de la navigation.

Pour former un réservoir, on barre, au moyen d'une digue, tout un vallon, qu'on a soin de choisir de manière à obtenir la plus grande capacité avec le moins de frais possible. Une des grandes difficultés de l'établissement d'un réservoir, c'est de bien proportionner sa capacité au volume d'eau qu'il est possible d'y amener.

Quand il est alimenté par des ruisseaux, on en fait le jaugeage pendant un temps très long. Pour donner une idée du soin avec lequel se fait cette opération préliminaire, il nous suffira de rappeler qu'au canal de Bourgogne, la Brenne a été jaugée trois fois par jour, pendant 1120 jours.

Les barrages destinés à soutenir les eaux sont exécutés, suivant les circonstances, soit en terre, soit en maçonnerie; quelquefois même on emploie concurremment les deux systèmes.

Pour une faible hauteur des eaux, les digues en terre sont préférables. Mais elles n'offriraient plus une sécurité suffisante, lorsque la profondeur et l'étendue des eaux prennent des proportions considérables.

Il ne s'agit pas, en effet, de résister simplement à la pression de l'eau, qui cependant a une grande importance, il faut encore tenir grand compte de l'action des vagues que le vent soulève et qui viennent se briser sur les bords de la digue. A l'étang de Chazilly, qui a 1500 mètres de longueur et 20 mètres de profondeur d'eau, on a observé des vagues qui n'avaient pas moins de 3 mètres de hauteur.

Rien de plus simple à concevoir que l'effet de ces vagues sur les digues; les lames, en se brisant sur la surface du talus intérieur, pénètrent dans les vides des pierres, attaquent les terres, les détrempent, finissent par les entraîner en partie, lorsqu'elles se retirent, et produisent par suite un vide derrière la partie en maçonnerie; sous le choc des vagues ou des glaçons, des brèches partielles ne tardent pas à se produire : la terre, exposée directement aux attaques des eaux, ne tarde pas à s'ébouler par tranches successives, et la digue entière peut finir par se rompre.

L'effet des vagues est à redouter non seulement pour la face de la digue qui est baignée par l'eau, mais encore pour la face opposée. Si le barrage n'est pas suffisamment élevé au-dessus du niveau des eaux, les vagues le surmontent, viennent déferler sur le talus extérieur, le déchirent et peuvent amener, au bout d'un temps assez court, la ruine de l'ouvrage entier.

Il est peu de désastres comparables à ceux que peut causer la rupture d'une digue de réservoir. Des millions de mètres cubes d'eau, s'échappant tout à coup avec une prodigieuse vitesse, gagnent en quelques heures les points les plus éloignés de la vallée, et apportent la ruine et la désolation aux nombreuses populations qu'aucun phénomène n'a pu prévenir du danger qui les menaçait.

On comprend, dès lors, l'importance exceptionnelle que présentent les travaux destinés à protéger les digues contre l'effet destructeur des vagues.

Jusqu'ici, la protection reconnue la plus efficace consiste dans l'établissement d'une série de petits murs en maçonnerie hydraulique, échelonnés suivant l'inclinaison du talus. Les lames, dans leur mouvement ascensionnel, rencontrant cette surface discontinue, se brisent sur les saillies et les retraites multipliées qu'elle présente, perdent leur vitesse et par suite leur action nuisible. Le dernier des petits murs dont nous venons de parler est au-dessus du niveau le plus élevé que les eaux puissent atteindre, dans les circonstances les plus défavorables; on termine d'ailleurs le barrage, à son point culminant, par un parapet assez élevé pour qu'il ait, au-dessus de ce niveau, une surélévation de 3 mètres au moins, et puisse par suite protéger le talus extérieur en offrant aux plus hautes vagues un obstacle à peu près infranchissable.

Les barrages de plusieurs réservoirs anciens ont été exécutés en terre et en maçonnerie. Le plus remarquable est celui de Saint-Féréol, dont la construction remonte à l'époque de l'exécution du canal du Midi par Riquet. La hauteur de l'eau qu'il supporte est de 31 mètres. La digue en terre a 140 mètres de largeur à la base; elle est soutenue et consolidée par deux murs qui ont permis de diminuer les talus; un troisième mur, établi dans l'intérieur de la digue, à peu près à égale distance des deux autres, donne un accroissement notable de résistance.

Les différents volumes d'eau que le réservoir doit fournir pour satisfaire aux besoins de la navigation sont pris par des conduits spéciaux, désignés sous le nom de bondes. Ce sont de véritables aqueducs en maçonnerie qui traversent la digue et sont fermés par des vannes, qu'on peut facilement manœuvrer du dehors, au moyen d'engrenages.

Outre les bondes de prise d'eau, qui sont établies à des hauteurs variables, suivant les charges dont on veut pouvoir disposer pour les besoins de l'alimentation, chaque réservoir doit être muni d'une bonde de fond qui permette d'évacuer toutes les eaux, dans le cas de réparations de quelque importance.

Enfin, il est indispensable de ménager, dans tout réservoir, un déversoir de superficie capable de débiter l'excédent des eaux des ruisseaux, qui peut être la conséquence d'un orage violent ou de la fonte des neiges.

L'établissement des canaux, envisagé au double point de vue du tracé et de l'alimentation, touche à une foule de questions que peuvent seules résoudre l'expérience et la sagacité de l'ingénieur. Parmi les difficultés que présente leur construction, une des plus graves est celle qui se produit à la rencontre des cours d'eau naturels et qui, par cela même, est à peu près spéciale aux canaux latéraux. Ces voies artificielles, tracées, comme nous l'avons vu, dans les vallées qui renferment les rivières qu'elles sont destinées à remplacer, doivent nécessairement traverser tous les affluents du cours d'eau principal. Comme le niveau de l'eau dans un canal est constant, tandis que celui des affluents est variable, on ne peut songer, en général, à les mettre en libre communication, et le seul moyen pratique de lever la difficulté consiste alors dans l'établissement d'ouvrages d'art qui, suivant leur importance, portent le nom d'aqueduc ou de pont-canal.

La construction d'un aqueduc n'offre rien de parti-

culier; il suffit de lui donner des dimensions suffisantes
pour permettre au volume d'eau débité par l'affluent de
s'écouler sans obstacle. Il arrive souvent que la différence de niveau entre les eaux du canal et celles de l'affluent est peu considérable, et que, par suite, la voûte de
l'aqueduc reste toujours noyée; il joue alors le rôle de
siphon, et sa construction exige des précautions particu-

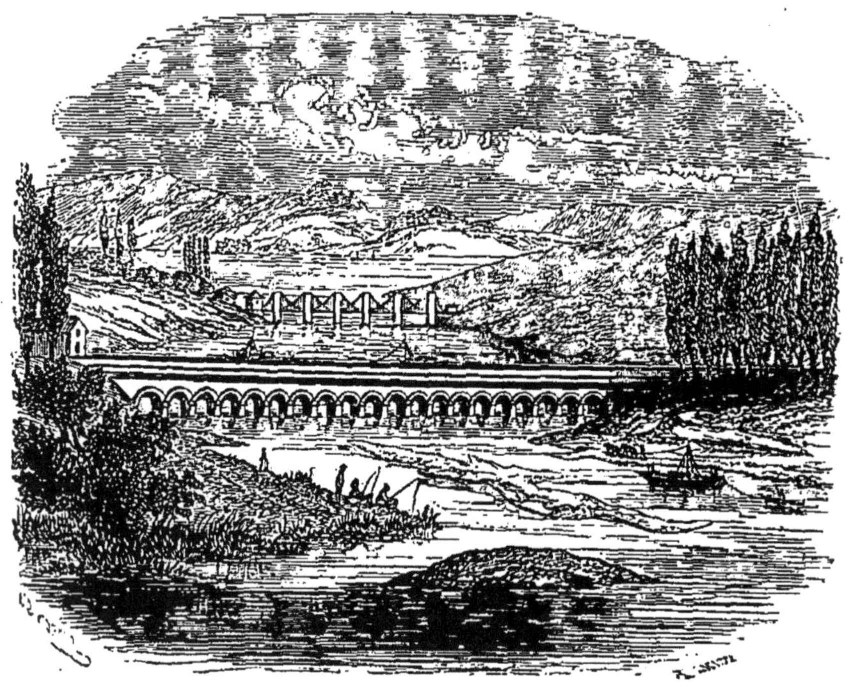

Pont-canal du Guétin.

lières, en raison des actions énergiques auxquelles il peut
être soumis dans certaines circonstances défavorables.

Dans le cas où l'aqueduc doit faire siphon, l'emploi
des tuyaux en fonte présente de grands avantages.

Lorsque l'affluent au-dessus duquel doit passer le
canal fournit un volume d'eau considérable, il est indispensable que l'aqueduc ait des dimensions suffisantes
pour que la voûte ne soit jamais noyée; on construit
alors un véritable pont-canal. Pour réduire autant que

possible l'importance d'un pareil ouvrage, on ne donne à la cunette du canal que la largeur strictement nécessaire pour le passage d'un seul bateau.

L'établissement d'un pont-canal exige, en général, la surélévation de la cunette sur une assez grande longueur; aussi, à l'aval, cherche-t-on à redescendre le plus tôt possible, en plaçant, à l'issue du pont, une et quelquefois deux écluses. Mais cette disposition n'est pas sans inconvénients pour la navigation, surtout sur les canaux très fréquentés. Si l'on suppose, en effet, que deux bateaux, marchant en sens contraire, se présentent au même moment aux extrémités d'un pont-canal, le bateau montant, par exemple, sera forcé d'attendre, pour s'engager sur le pont, que l'autre bateau l'ait franchi avec l'écluse qui est à la suite.

Cet inconvénient n'est pas le seul : un pont-canal, par la nature même de sa construction, est exposé à des filtrations qu'on ne parvient souvent à faire disparaître qu'au prix des plus grands sacrifices. Elles sont dues, le plus souvent, aux contractions et dilatations successives que produisent, dans les maçonneries, les variations de température.

L'emploi des enduits en ciment ou en bitume atténue cet inconvénient, sans le faire complètement disparaître. Jusqu'à ce jour, on n'a pu obtenir de ponts-canaux complètement étanches que par l'emploi exclusif de la fonte et du fer.

Les difficultés de construction que présentent les ponts-canaux donnent un certain intérêt aux moyens imaginés pour opérer la traversée directe des canaux en lit de rivière. Le canal latéral à la Loire, dans les environs de Briare, passe d'une rive à l'autre du fleuve. Afin de faciliter l'entrée et la sortie des bateaux, les deux branches du canal ont une certaine inclinaison par rapport à la direction du thalweg; à leur rencontre avec le fleuve, elles sont munies d'écluses. De l'une à l'autre, le transport des bateaux s'effectue, dans un sens, par le courant même de la Loire, et, dans l'autre, par des chevaux.

Cette traversée en rivière a exigé une dépense moindre que la construction d'un pont-canal, mais elle est loin d'offrir les mêmes avantages. Car, sans parler de la dépense et de la perte de temps qu'elle occasionne au passage de chaque bateau, elle devient très difficile à la remonte, toutes les fois que les crues de la rivière commencent à couvrir le chemin de halage, et elle est complètement impossible aux époques des grandes eaux.

Pour terminer cet aperçu théorique sur la construction des canaux, il nous reste à examiner la question de l'étanchement des biefs perméables. Les difficultés sont à peu près les mêmes que pour les ponts-canaux, et elles se résolvent naturellement par des procédés à peu près identiques. La face de la digue baignée par l'eau est recouverte d'une couche épaisse de bonne terre, pilonnée avec le plus grand soin, de manière à former une paroi tout à fait étanche. Mais, au bout d'un temps souvent très court, les taupes, les rats d'eau et même les simples vers finissent par la traverser et amener des fuites d'une grande gravité. On peut éviter cet inconvénient au moyen d'un revêtement en briques; mais c'est une opération coûteuse.

Dans les terrains de graviers fins, une simple pellicule d'argile suffit pour boucher les petits intervalles laissés libres par les graviers et pour empêcher toute filtration. Mais ce procédé est complètement inapplicable dans les terrains de gros graviers, de pierrailles ou de cailloux. Des biefs établis dans des terrains de cette nature perdent souvent, en quelques heures, la totalité des eaux qu'on y a introduites.

On a eu un exemple remarquable de cet effet dans la branche d'Huningue, qui fait partie du grand canal du

Rhône au Rhin. Les eaux de ce dernier fleuve, introduites en grande abondance dans le bief, dont la longueur est de 28 kilomètres, ne purent arriver à son extrémité et se perdirent dans le sol, après avoir causé des inondations très préjudiciables aux propriétaires riverains, qu'il fallut indemniser à grands frais. On dut alors recourir à l'emploi d'une paroi artificielle, formée de couches de terre pilonnées avec le plus grand soin et arrosées d'un lait de chaux grasse. La chaux, outre qu'elle augmente l'imperméabilité de la paroi, offre encore l'avantage de faire périr les vers et les insectes, qui séjournent ordinairement dans les terres fraîchement remuées, et de faire fuir les taupes, qui sont une des causes les plus énergiques de destruction des digues.

Dans quelques biefs du canal de la Marne au Rhin, on a eu recours à l'emploi du béton, recouvert d'une couche de terre, destinée à l'empêcher de se fendiller pendant les chômages.

Ces divers modes d'étanchement ont le grave inconvénient de conduire à des dépenses extrêmement considérables; aussi ne doit-on y recourir que pour les parties qui présentent une trop grande perméabilité.

Ce n'est que par l'étude des différentes circonstances locales, telles que la nature du terrain, le genre des matériaux qu'il a à sa disposition, que l'ingénieur doit fixer son choix sur le mode d'étanchement qu'il convient d'adopter dans chaque cas particulier.

Bien que très incomplets, les détails que nous venons de donner sur l'établissement des canaux suffisent pour se faire une idée des difficultés que l'homme rencontre constamment dans la lutte qu'il a entreprise contre la nature pour la plier à ses exigences.

Les voies de navigation qu'elle lui offrait, il les a trouvées insuffisantes ou imparfaites et, pour en construire de nouvelles, mieux appropriées à ses besoins, il ne s'est pas laissé arrêter un seul instant par les innombrables obstacles qu'elle devait nécessairement opposer à son génie et à son activité. Pour arriver au but que s'était imposé sa noble ambition, il a dû trouver des moyens faciles de franchir les fleuves et les montagnes, d'accumuler sur des points élevés des masses d'eau énormes, et de les distribuer à sa volonté, suivant les exigences de la navigation.

Mais pour que son œuvre subsiste, il ne suffit pas de lui avoir donné la vie une première fois : il faut encore qu'il la protège et, par ses soins incessants, la maintienne à l'abri des effets destructeurs du temps et des éléments.

L'application de la vapeur à l'industrie produit des résultats dont la puissance et la grandeur méritent toute notre admiration. Le travail de canalisation que l'on poursuit en France, depuis tant d'années, est plus modeste ; il frappe moins l'esprit, il parle moins à l'imagination ; mais il a nécessité la solution de problèmes bien autrement audacieux que ceux qu'a présentés l'établissement des voies ferrées.

Qu'on se garde donc de détourner l'attention publique de ces admirables et merveilleux travaux de canalisation, pour la reporter uniquement sur les chemins de fer.

Ces deux grands auxiliaires du commerce et de l'industrie sont destinés à se développer côte à côte et à limiter leurs prétentions respectives par une concurrence utile à tous.

Robert Stephenson doit faire songer à Riquet ; le percement du mont Cenis ne doit pas faire oublier le canal de Suez.

§ 2

Historique de quelques canaux. — Canal de Briare. — Durée des
travaux. — Canal du Midi. — Son utilité constatée par de nombreux projets. — Paul Riquet. — Ses expériences. — Colbert.
— Les fermiers généraux. — Autorisation royale. — Exécution
des travaux. — Mort de Riquet. — Son éloge par Vauban.

Si l'établissement des canaux présente encore des difficultés sérieuses, à une époque où la science des constructions, favorisée par le développement de l'industrie,
fournit de merveilleuses ressources, qu'on se figure les
innombrables obstacles que devaient offrir les entreprises de ce genre, alors que les ténèbres du moyen âge
étaient à peine dissipées. Et cependant, dès le quinzième
siècle, les besoins du commerce intérieur réclamaient
avec tant d'énergie de nouvelles voies navigables, que les
projets de rivières artificielles, même les plus défectueux,
étaient accueillis avec la plus grande faveur.

C'est ainsi que, pour doter la France de nouvelles
voies de communication, Henri II eut l'heureuse idée de
s'attacher le célèbre ingénieur Adam de Crapponne.

Sully, convaincu que les canaux étaient indispensables
au commerce et à l'agriculture, et que de la construction
d'un vaste réseau navigable dépendaient l'avenir et la
prospérité du royaume, n'eut pas de peine à faire par-
tager ses idées à son souverain, et il fut décidé qu'en
principe une partie des ressources disponibles chaque
année serait consacrée à la création de voies navigables.

Le projet qui trouva le plus de faveur dans l'esprit du
roi fut celui du canal de Briare, présenté en 1602, par
un ingénieur de Tours, Hugues Crosnier, et destiné à
faire communiquer la Seine et la Loire, en franchissant
le faîte qui existe entre ces deux grands cours d'eau.

Une commission nommée par le roi fut chargée

d'examiner les plans du nouveau canal; elle en approuva les dispositions et, après l'achat des terrains nécessaires à la construction, les travaux purent être entrepris dès l'année 1604.

Henri IV et Sully n'hésitèrent pas à accorder de larges subventions annuelles et des subsides en nature, dans l'espoir de voir rapidement terminée cette grande entreprise.

Au commencement de la quatrième année, le roi autorisa Sully à employer 6000 soldats aux travaux du canal. C'était la moitié du nombre total des travailleurs, car dom Marin, dans son *Histoire du pays du Gastinois*, nous apprend que le nombre des ouvriers employés à la construction du canal fut de 12 000, et, « qu'on les nourrit abondamment de pain, de viande et de vin. »

Malheureusement l'assassinat du roi et, bientôt après, la mort de l'entrepreneur ne permirent pas de terminer le canal de Briare. D'ailleurs, l'ingénieur, fort habile peut-être pour l'époque, avait cru ne pouvoir mieux faire que d'utiliser pour ce canal le lit du principal ruisseau destiné à lui fournir des eaux. A la première crue de quelque importance, les travaux exécutés furent entièrement bouleversés.

Après une interruption de vingt-huit années, le gouvernement songea à continuer l'œuvre de Henri IV, en se chargeant lui-même de l'exécution des travaux; mais les dépenses occasionnées par les guerres ne permirent pas de donner suite à cette idée, et on se décida à en faire la concession à des entrepreneurs. Elle fut accordée, par lettres patentes du mois de septembre 1638, à Jacques Guyon et Guillaume Boutheroue, anciens receveurs des rentes et tailles des élections de Beaugency et de Montargis.

« Le défunt roy, notre très honoré seigneur et père, que Dieu absolve, disait Louis XIII, dans la paix heureusement acquise par lui à ce royaume, avait jugé ne pou-

voir rien être fait de plus utile et avantageux au public
pour le commerce et transport des marchandises et den-
rées de provinces en autres et particulièrement en notre
bonne ville de Paris, que la communication des rivières
de Seine et de Loire, par le moyen d'un canal navigable
depuis Briare jusqu'en notre ville de Montargis, d'où,
par la rivière qui y passe, les marchandises peuvent être
conduites en notre dite ville de Paris. »

Tel était le but clairement défini de ce canal, dont la
propriété pleine et entière fut abandonnée aux entrepreneurs, à la charge de terminer les travaux en quatre
ans.

Grâce à l'énergique impulsion qui leur fut donnée, le
canal put être livré à la navigation en 1642.

Ainsi fut terminée, au bout d'une période de quarante
ans, l'œuvre de Hugues Crosnier.

Parmi les écluses, à portes busquées, construites par cet
ingénieur, plusieurs se sont conservées jusqu'à ce jour.

Les moyens d'alimentation, reconnus insuffisants, ont
dû recevoir de notables accroissements. Ils consistent actuellement en 18 étangs ou réservoirs, présentant une superficie totale de 480 hectares environ et une capacité de
plus de 22 millions de mètres cubes d'eau. Ces ressources
se trouvent encore augmentées par une prise d'eau pra-
tiquée dans la rivière du Loing.

La longueur totale du canal de Briare est de 53 kilomètres. La branche qui se rend dans la Loire présente
12 écluses sur une longueur de 14 kilomètres; celle de
l'autre versant en a 28 pour une longueur de 34 kilomètres. La longueur du bief de partage ne dépasse pas
5 kilomètres.

L'idée de joindre l'océan Aquitanique avec la mer de
Narbonne remonte au règne de François Ier. Les devis
dressés par l'ordre du roi, à la date du 20 octobre 1539,
existent encore et portent les noms de leurs auteurs,
Arnaud de Casanove et maître Nicolas Bachelier, à la

fois architecte et sculpteur, que la ville de Toulouse
compte au nombre de ses hommes les plus illustres. Ce
projet était irréalisable.

Plus tard, Adam de Crapponne eut l'idée de conduire
les eaux de l'Ariège en un point appelé Pierres de Naurouse, et de les diriger ensuite vers les deux mers en
les soulevant par des écluses, d'un côté jusqu'à l'Aude,
de l'autre jusqu'à la Garonne. Les guerres civiles, qui
désolèrent la France pendant la seconde moitié du seizième siècle, ne permirent pas de songer à l'exécution
de ce projet gigantesque.

Sous Henri IV, le cardinal de Joyeuse, archevêque
de Narbonne, fut chargé de faire examiner sur les lieux
la possibilité de cette entreprise. Il est probable que le
projet fut repoussé, car on voit, en 1604, le connétable
de Montmorency, gouverneur du Languedoc, ordonner
de nouveau l'examen des lieux et l'étude des moyens les
plus propres à la construction d'un canal.

La possibilité de l'exécution fut démontrée; mais on
ne put trouver un entrepreneur qui voulût se charger
de la conduite des travaux.

Au commencement de l'année 1618, Bernard Aribal
vint proposer aux États de la province, de la part du
roi Louis XIII, d'entreprendre un canal depuis Toulouse
jusqu'à Narbonne, de faire les avances nécessaires pour
l'exécution des travaux, et de ne rien demander avant
qu'ils fussent complètement terminés. Ses propositions
eurent le même sort que celles de ses prédécesseurs;
mais son insuccès fut loin d'arrêter l'émulation des ingénieurs de l'époque.

L'intendant des fortifications de Normandie, Pierre
Petit, excellent mathématicien, Étienne Richot, ingénieur
du roi, et Antoine Baudou, maître des ouvrages royaux
en Languedoc, présentèrent successivement divers projets qui, malgré l'approbation du conseil d'État, n'eurent
aucun résultat sérieux.

Tant de projets avortés pouvaient faire douter de la possibilité d'opérer la jonction des deux mers.

La nature du sol, la disette apparente des eaux, et surtout la difficulté de les conduire aux Pierres de Naurouse, situées à plus de 200 mètres au-dessus du niveau des deux mers, commençaient à faire regarder la création du canal du Midi comme un rêve bien difficile à réaliser.

C'est à cette époque de découragement que parut un homme assez hardi pour reprendre un projet si souvent abandonné, assez habile pour surmonter toutes les difficultés que devait présenter son exécution, et assez heureux pour le mener à bonne fin.

Cet homme fut Pierre-Paul Riquet, un simple receveur des gabelles, qui, à force de persévérance, devint un grand ingénieur.

Né à Béziers en 1604, Riquet n'était par état ni mathématicien, ni ingénieur, mais l'étude, l'observation et son génie naturel surent en faire un habile géomètre. Retiré dans son domaine de Bonrepos, situé au pied de la montagne Noire, il fut frappé de la disposition topographique de la fontaine de Naurouse, placée entre le Lers et le Fresquel, et qui verse ses eaux à la fois dans les deux rivières. Cette fontaine se trouve à la jonction d'un rameau calcaire des Pyrénées avec la chaîne granitique des Cévennes, qui s'élève, en partant de là, jusqu'à une faible distance du bassin du Rhône.

Par suite de cette disposition et de l'élévation de la montagne Noire au-dessus du col de Naurouse, Riquet fut amené à penser qu'il pourrait dériver vers ce point les eaux de la plus grande partie des ruisseaux fournis par les deux versants de la montagne. Quelques essais de rigoles et de nivellement, exécutés sous ses yeux par un simple fontainier, l'ayant affermi dans cette conviction, il se livra dès lors tout entier aux recherches de toute nature qu'entraînait l'étude d'un aussi vaste projet. Après dix ans de tâtonnements et d'expériences sans nombre,

Riquet chercha un homme capable de dresser les plans
dont il avait besoin ; sa bonne fortune le fit tomber sur
François Andréossy. Profondément versé dans la science
de l'hydraulique, constructeur distingué, Andréossy rendit à Riquet de grands services, mais il ne créa pas, il
n'inventa pas, et il se charge de donner lui-même un dé-
menti formel aux auteurs qui, au commencement de ce
siècle, ont voulu revendiquer pour lui l'honneur de la
création du canal du Languedoc.

La carte de la rigole qui servit d'essai pour le canal
définitif, et qu'il publia en 1666, porte en effet ce titre :
« Plan géométrique de la rigole, faite de l'invention de
monsieur Riquet, pour conduire les rivières de la montagne Noire au point de partage, afin de montrer la
possibilité de la communication des mers par Garonne
et Aude en Languedoc, par François Andréossy. »

Après les nivellements d'Andréossy, Riquet se sentant
assez fort pour répondre du succès de son entreprise,
ne craignit plus de parler de ses travaux. L'archevêque
de Toulouse, l'évêque de Saint-Papoul vinrent lui rendre
visite et, après s'être convaincus, par l'examen des
plans et des essais, de la possibilité de ce gigantesque
travail, ils engagèrent vivement l'infatigable inventeur
à rédiger un mémoire détaillé et à l'adresser le plus tôt
possible au contrôleur général des finances.

Ce ne fut pourtant qu'en 1662 que Riquet se décida à
faire part de ses projets au ministre Colbert :

« Vous vous étonnerez, lui écrit-il, que j'entreprenne
de parler d'une chose qu'apparemment je ne connais
pas et qu'un homme de gabelle se mêle de nivelage...
toutefois, s'il vous plaît de lire ma relation, vous juge-
rez que ce canal est faisable, qu'il est, à la vérité, difficile à cause du coût, mais que, regardant le bien qui
doit en arriver, on doit faire peu de cas de la dépense. »

Et plus loin :

« Jusqu'à ce jour, on n'avait pensé aux rivières

propres à servir, ni su trouver des routes aisées pour ce canal, car celles que l'on s'était imaginé étaient des obstacles insurmontables de rétrogradations de rivières et de machines pour élever les eaux. Aussi, croyez que ces difficultés ont toujours causé le dégoût et reculé l'exécution de l'ouvrage. Mais aujourd'hui, Monseigneur, qu'on trouve des routes aisées et des rivières qui peuvent être aisément détournées de leurs anciens lits, et conduites dans ce nouveau canal par pente naturelle et de leur propre inclination, toutes difficultés cessent, excepté celle de trouver un fonds pour servir aux frais du travail. »

Dans le mémoire joint à cette lettre, Riquet présentait trois plans pour la direction du canal, en partant toujours du même point de partage.

Son projet était si judicieusement conçu, si nettement exposé, qu'il excita l'admiration de Colbert, lequel ne tarda pas à faire passer ce sentiment dans l'esprit du roi. Par un arrêt du mois de janvier de l'année 1663, Louis XIV ordonna que l'examen du projet serait fait sur les lieux par ses commissaires auprès des États et par ceux que la province choisirait elle-même. Pendant que cette commission poursuivait ses travaux d'examen, Riquet ne restait point inactif; il écrivait à Mgr d'Anglure, archevêque de Toulouse :

« J'ai passé partout avec le niveau, le compas et la mesure, de sorte que je connais parfaitement les passages, le nombre des écluses et la disposition du terrain. »

Il alla même jusqu'à construire à ses frais une grande rigole d'essai qui ne lui coûta pas moins de 200 000 livres, et le 9 novembre 1665, les eaux arrivèrent par cette rigole en grande abondance au point de partage.

Dès ce moment, le triomphe des idées de Riquet fut hautement proclamé. Ses plus fougueux détracteurs commencèrent à croire à la création du canal, et dans tout le

Midi on cria au miracle. Mais l'inventeur lui-même se justifiait modestement sur ce dernier point, en écrivant à Colbert : « Peu de gens avaient foi pour la réussite, et maintenant qu'on ne la voit plus douteuse, la plupart disent que ce que j'ai fait tient du miracle, que cela ne pouvait se faire sans le secours de Dieu ou la participation du diable. Je conviens du premier, et du reste l'on me fera justice quand on dira de moi que j'ai quelque peu de nature, point d'art, et que je ne suis point magicien. »

Cependant les États du Languedoc, sous l'empire d'une méfiance que semblait justifier l'expérience du passé, refusèrent de participer aux frais de construction du canal ; d'un autre côté, le trésor royal était à sec.

C'était donc en vain que la possibilité de la jonction des deux mers était démontrée, puisque tout manquait pour l'exécution.

Ce fut alors que Riquet proposa de faire procéder à la construction du canal, en donnant à l'entrepreneur le droit de prendre toutes les terres nécessaires, lesquelles seraient payées par le roi, après estimation.

On pourrait ainsi ériger un fief considérable comprenant le canal, les rigoles et les chaussées.

Cette proposition fut soumise au roi, mais, pendant qu'on l'examinait, Riquet, ruiné par les dépenses exorbitantes qu'il avait faites depuis seize ans, était « dans un état de disette d'argent inconcevable. »

Il commençait à ne plus trouver de ressources, même dans des emprunts fort onéreux, et pourtant il parvint à garder autour de lui tout son personnel.

On trouve dans les Mémoires du baron de Bésenval un passage qui montre par quels moyens ingénieux il sut faire face à la situation.

« Riquet, l'auteur du canal de Languedoc, avait autant de ressources dans l'esprit, que de talents, quoique l'on prétende que le projet de ce canal lui ait été donné par son jardinier. C'était un de ces êtres extraordinaires, dans lesquels la nature se plaît quelquefois à placer les qualités les plus rares et souvent à les y enfouir.

« Quoi qu'il en soit, Riquet présenta le projet de son canal à Colbert, qui l'approuva; puis il s'attacha les gens les plus experts dans ce genre de travail.

« Toutes choses en règle, il ne fallait plus que de l'argent pour mettre la main à l'œuvre. Riquet demanda des avances; Colbert, en ce moment dans la détresse, lui déclara que non seulement il était dans l'impossibilité de lui donner la moindre somme, mais même que, malgré toute sa bonne volonté, il ne pouvait encore l'aider de son crédit.

« Riquet ne se rebuta pas et eut recours à l'adresse. Il répondit au ministre que, puisqu'il ne pouvait venir à son secours, il imaginait un moyen qui infailliblement lui procurerait des fonds, si le ministre voulait s'y prêter. Colbert lui ayant demandé une explication, il se borna à lui dire qu'au moment où il allait renouveler le bail des fermes, il ne lui demandait que la permission de pouvoir entrer dans son cabinet, lorsqu'il y serait enfermé avec les gros bonnets de la finance. Colbert y consentit.

« En effet, quelques jours après, Colbert ayant chez lui une assemblée de fermiers généraux, Riquet tourna la clef du cabinet, entra et s'assit dans un coin sans dire un mot à personne et sans que personne lui parlât. Il remarqua, comme il l'avait bien pensé, un peu d'inquiétude sur les physionomies de ces messieurs, de le voir là. On devait juger, selon lui, qu'il n'usait de tant de liberté, qu'à titre de ces gens que les ministres emploient quelquefois pour approfondir les choses, surveillants toujours fàcheux pour des traitants, et qu'il leur importe de captiver.

« Au sortir de l'assemblée, il fut accosté par quelques-uns des fermiers généraux, qui cherchèrent à pénétrer

d'où lui venait l'entrée du cabinet de Colbert, et à quelle
fin il en usait. Il leur répondit froidement qu'il était
bien aise de voir par lui-même comment les choses se
passaient, et les quitta brusquement, ce qui les confirma
dans l'opinion que Riquet avait la confiance du ministre
et qu'il fallait le gagner.

« Les choses s'étant passées de même à une seconde
assemblée, Riquet fut encore accosté après la séance.
On ne lui fit plus de questions, mais on lui parla de son
canal, dont on exalta l'invention et l'utilité, et l'on finit
par lui offrir de lui prêter deux cent mille livres. Il
répondit tout aussi brusquement que la première
fois, en tournant le dos, qu'il n'avait pas besoin d'argent.

« Une telle réponse, en style ordinaire, signifie qu'en
effet on ne veut pas d'argent ; mais, dans certaines circonstances, cela veut dire que ce n'est pas assez.

« Les fermiers généraux le comprirent ainsi, et, à la
sortie d'une troisième assemblée, ils proposèrent un prêt
de cinq cent mille livres à Riquet, dont le visage se dé-
rida seulement alors. Il remercia beaucoup les fermiers,
en leur disant, toutefois, qu'il ne pouvait accepter leurs
propositions sans l'agrément du ministre, et il rentra
dans le cabinet de Colbert, auquel il rendit compte de
ce qui s'était passé. Colbert ne put s'empêcher de rire
de la sottise des fermiers généraux et de l'adresse de
Riquet, et il dit à ce dernier qu'il pouvait accepter l'argent qu'on lui offrait. »

Nous laissons à son auteur la responsabilité de cette
anecdote ; mais, si elle est vraie, elle est une nouvelle
preuve de la finesse et de l'esprit de cet homme étonnant qui vint, à soixante ans, prendre place parmi les
plus grands ingénieurs.

Si le prêt des fermiers généraux eut effectivement
lieu, ces cinq cent mille livres furent les premiers
fonds employés à la construction du canal du Languedoc.

Colbert se contenta d'abord de donner des encouragements à l'inventeur, et ce ne fut qu'au bout de quelques années qu'il songea à le soutenir d'une manière plus efficace. Pendant le cours des travaux, il lui fit remettre environ sept millons et demi ; les États de Languedoc finirent par lui allouer près de six millions ; enfin lui-même s'engagea dans cette œuvre gigantesque pour deux millions.

L'édit de création du canal de Languedoc fut signé à Saint-Germain, le 7 octobre 1666.

« Bien que la proposition qui nous a été faite, disait le roi, pour joindre la mer Océane à la Méditerranée par un canal de transnavigation et d'ouvrir un nouveau port (celui de Cette) sur les côtes de notre province de Languedoc, ait paru si extraordinaire aux siècles passés, que les princes les plus courageux et les nations qui ont laissé les plus belles marques à la postérité d'un infatigable travail, aient été étonnés de la grandeur de l'entreprise et n'en aient pu concevoir la possibilité, néanmoins, comme les desseins élevés sont les plus dignes du courage magnanime et, qu'étant considérés avec prudence, ils sont ordinairement exécutés avec succès, aussi la réputation de l'entrepreneur et les avantages qu'on nous a représentés pouvoir réussir au commerce de la jonction des deux mers, nous ont persuadé que c'était un grand ouvrage de paix, bien digne de notre application et de nos soins, capable de perpétuer aux siècles à venir la mémoire de son auteur, et d'y marquer la grandeur, l'abondance et la félicité de notre règne. En effet, nous avons connu que la communication des deux mers donnait aux nations de toutes les parties du monde, ainsi qu'à nos propres sujets, la facilité de faire en peu de jours d'une navigation assurée, par le trajet du canal à travers des terres de notre obéissance, et à peu de frais, ce qu'on ne peut entreprendre aujourd'hui qu'en passant au détroit de Gibraltar, avec de

très grandes dépenses, en beaucoup de temps et au
hasard de la piraterie et des naufrages... »

Les travaux du canal furent divisés en deux parties.
Riquet fut reconnu adjudicataire de la première, comprenant les ouvrages à exécuter, depuis la Garonne à
Toulouse jusqu'à l'Aude, près de Trèbes, ainsi que les
rigoles de dérivation.

Le procès-verbal d'adjudication se terminait par ces
mots : « En conséquence, et pour traiter favorable-
ment ledit sieur Riquet, attendu les services qu'il rend
au roi et à l'État en faisant un si grand ouvrage, Sa
Majesté lui accorde, sur sa demande, la réhabilitation
de sa noblesse, ses devanciers ayant vécu noblement
jusqu'aux guerres civiles de 1586, époque où ils ont
dérogé. »

Les travaux, entrepris immédiatement, furent poussés
avec la plus grande vigueur. Riquet forma plusieurs
ateliers qu'il répartit sur divers points et, au mois
d'avril 1667, le nombre des ouvriers employés dépassait 4000.

Ce fut alors qu'il posa la première pierre du magnifique
bassin de Saint-Féréol et, quelques jours après, celle de
la première écluse à l'embouchure de la Garonne.

L'archevêque de Toulouse, qui suivait cet ouvrage
avec intérêt, écrivait à Colbert, vers la fin du mois de
septembre : « Il fait travailler sur le bord de la Garonne, pour poser la première écluse, où il y a près
de 300 ouvriers. Toute la ville de Tholoze va voir cela
avec joie, et jamais les Tholozains n'avaient eu de foy au
canal qu'à présent. »

Le 13 mai 1668, le fief, le droit de péage et quelques
autres privilèges furent délivrés à Riquet, moyennant la
somme de deux cent mille livres et, le 23 janvier 1669,
il se rendit encore adjudicataire des ouvrages de la seconde partie du canal, depuis Trèbes jusqu'à l'étang de
Thau, ainsi que des travaux à exécuter au port de Cette.

Depuis trois ans qu'ils étaient entrepris, les travaux de la première partie du canal étaient déjà très avancés, lorsque Riquet fut sur le point d'être forcé de les suspendre, faute d'argent.

La guerre absorbait, à cette époque, toutes les finances de l'État, les subventions qui lui avaient été promises n'arrivaient pas; et il fut obligé d'engager tous ses biens pour arriver, non sans peine, à contracter des emprunts très onéreux.

Enfin, son habileté et sa persévérance finirent par triompher de tous les obstacles, et, au commencement de l'année 1672, le canal, depuis son embouchure dans la Garonne jusqu'au point de partage, était entièrement achevé; le protecteur de Riquet, l'archevêque de Toulouse, put s'embarquer à Naurouse pour se rendre dans sa métropole.

Quelque temps après l'inauguration de cette première partie du canal, Riquet tomba gravement malade, mais, grâce à l'organisation merveilleuse de ses divers chantiers, il put être remplacé momentanément dans la surveillance des travaux par son fils aîné, Jean-Mathias, qu'il s'était associé.

A peine rétabli, il se remit à l'œuvre avec une nouvelle ardeur; plus il avançait, plus il redoublait de soins et d'efforts pour améliorer sans cesse son projet primitif.

Enfin, après quatorze ans, la grande entreprise de Riquet était presque entièrement achevée; le créateur du canal entrevoyait la réalisation de ses idées, la navigation depuis Toulouse jusqu'à Cette, lorsque la mort vint le frapper le 1er octobre 1680.

Six mois plus tard, le canal royal du Languedoc était entièrement terminé. Cet ouvrage gigantesque n'avait pas coûté moins de dix-sept millions de livres, représentant à cette époque une valeur supérieure à quarante millions de francs de notre monnaie actuelle.

Malgré les subventions de Louis XIV et le secours des États de la province, Riquet, à sa mort, ne laissait pas moins de deux millions de dettes à ses enfants, qui devaient se charger de l'entretien du canal.

Pour se libérer, ils furent obligés de vendre certaines parties de leurs revenus, avec faculté de rachat; et ce n'est qu'en 1724 qu'ils purent rentrer complètement en possession de la propriété de leur père.

En 1686, sur la demande de Mathias Riquet de Bonrepos, relative à certains perfectionnements proposés pour le canal, Vauban reçut de Louis XIV la mission de visiter les travaux.

Leur merveilleuse exécution le remplit d'admiration, et le fils de Riquet eut la douce satisfaction d'entendre ce célèbre ingénieur s'écrier, à la vue du magnifique réservoir de Saint-Féréol : « Il manque quelque chose ici; c'est la statue de l'homme illustre qui a conçu et exécuté un projet aussi grand que celui du canal de Languedoc. »

Mais Riquet n'était mort que depuis quelques années, et on est rarement un grand homme pour ceux qui vous ont vu travailler et souffrir. A peine ses concitoyens semblaient-ils soupçonner que le produit de ses longues études et de ses profondes méditations devait avoir pour résultat de décupler la richesse d'une partie de la France.

Telle était l'indifférence pour l'inventeur du canal, que la génération qui le vit succomber ne prit même pas le soin d'enregistrer le lieu de sa sépulture. Ce ne fut qu'en 1842 que ses descendants parvinrent à retrouver sa tombe dans la cathédrale de Toulouse.

Un des compatriotes de Riquet, M. de Cassan, avait ainsi composé son épitaphe :

> Cy gît qui vint à bout de ce hardy dessein
> De joindre des deux mers les liquides campagnes,
> Et de la terre, ouvrant le sein,
> Aplanit même les montagnes.

> Pour faire couler l'eau suivant l'ordre du roy,
>   Il ne manqua jamais de foy,
>   Comme fit une fois Moyse.
>   Cependant de tous deux le destin fut égal,
> L'un mourut près d'entrer dans la terre promise,
> L'autre est mort sur le point d'entrer dans son canal.

Ces vers sont assurément des plus médiocres; mais au moins parlent-ils de Riquet, tandis que, dans toutes les productions poétiques de l'époque, destinées à célébrer les bienfaits du canal de Languedoc, le véritable créateur est complètement mis de côté, et tout l'honneur de l'entreprise reporté sur celui qui n'eut guère d'autre mérite que de ne l'avoir pas entravée.

Corneille lui-même donnait l'exemple, comme le prouvent ces vers extraits de son poème sur la jonction des deux mers :

> La Garonne et l'Atar, en leurs grottes profondes,
> Soupiraient de tout temps pour marier leurs ondes,
> Et faire ainsi couler, par un heureux penchant,
> Les trésors de l'aurore aux rives du couchant;
> Mais, à des vœux si doux, à des flammes si belles,
> La nature, attachée à des lois éternelles,
> Pour invincible obstacle opposait fièrement
> Des monts et des rochers l'affreux enchaînement.
> France, ton grand roi parle, et les rochers se fendent,
> La terre ouvre son sein, les plus hauts monts descendent,
> Tout cède, et l'eau, qui suit les passages ouverts,
> Le fait voir tout-puissant sur la terre et les mers.

Les poètes heureusement ne sont pas chargés d'écrire l'histoire; la postérité a fait justice de ces basses flatteries et rendu à chacun la place qu'il mérite. Au puissant génie qui créa, à l'homme qui ne recula devant aucun obstacle, qui sacrifia sa vie et sa fortune à une œuvre utile à tous, elle a donné le premier rang. Après Riquet, elle a placé Colbert, l'homme d'État qui sut comprendre l'immense source de richesses que devait ouvrir à la

France l'exécution du canal ; et enfin, après tous les deux, le souverain qui eut le mérite d'avoir confiance dans le ministre qu'il avait choisi.

La protection accordée au canal du Languedoc doit nous rendre indulgents pour les fastueuses inutilités de Versailles et de Marly.

La place de Riquet est désormais marquée parmi les grands hommes qui ont été en même temps les bienfaiteurs de leur pays.

Qu'on se reporte par la pensée au temps où il vivait, qu'on se représente les difficultés de toute nature qu'il a dû rencontrer pour faire les études de son projet, en dresser les plans, les faire accepter, puis les exécuter, et l'on sera frappé d'admiration et d'étonnement.

Il n'avait pas, à sa disposition, la puissance et le crédit de nos grandes compagnies, leurs armées d'ingénieurs, de conducteurs et d'ouvriers instruits et expérimentés.

Il n'avait pas comme auxiliaire cette immense force de la vapeur qui, aujourd'hui sur tous les chantiers de quelque importance, remplace celle de l'homme avec tant d'avantages. Mais il avait foi en son œuvre, et à force de génie et de persévérance, il sut élever un monument immortel à la gloire et à la prospérité de son pays.

§ 3

Canal de l'isthme de Suez. — Ancienne jonction du Nil et de la mer
Rouge. — Canal de Néchos. — Expédition d'Égypte. — L'ingénieur
le Père. — Méhémet-Ali. — Chemin de fer d'Alexandrie à Suez
par le Caire. — Premiers projets d'une voie de communication
directe entre la mer Rouge et la Méditerranée. — M. de Lesseps.
— Commission internationale. — Ses travaux. — Tracé du canal.
— Ses issues dans les deux mers. — Avantages de la nouvelle voie.
— Rapport à l'Académie des Sciences de Paris. — Opposition du
gouvernement anglais. — Constitution définitive de la Compagnie
universelle de l'isthme de Suez. — Canal d'eau douce. — Travaux
de Port-Saïd. — Machines diverses employées au creusement du
grand canal maritime.

Il était réservé à notre époque, si féconde en travaux
gigantesques, de voir s'accomplir l'œuvre grandiose qui
fut le rêve de tant de siècles. L'isthme de Suez a ouvert, par
la réunion de deux mers, une nouvelle voie aux relations commerciales des peuples de l'Occident et de
l'Orient.

Cette entreprise, dont la réalisation laisse si loin derrière elle les ouvrages si vantés des pharaons, a pour
résultat de restituer à la Méditerranée la route que le
commerce avait suivie dès la plus haute antiquité, route
qu'il avait perdue, depuis bientôt quatre siècles, par la
découverte du cap de Bonne-Espérance.

Une pareille révolution dans la navigation moderne
était impraticable sans le merveilleux concours des
sciences et des arts.

Pour la produire, il n'a fallu pas moins que les progrès qui caractérisent notre époque dans l'exécution des
travaux hydrauliques les plus importants, dans les constructions navales et dans l'art de naviguer, soit à la
voile, soit à la vapeur.

Les peuples de l'antiquité ne considéraient pas avec
autant de grandeur qu'on l'a fait de nos jours, les communications commerciales à créer par la voie que nous

venons d'indiquer. Leur ambition se bornait à joindre
par un canal la mer Rouge avec le Nil, et à assurer
ainsi les communications entre l'Égypte et l'Arabie[1].

Cette œuvre, déjà gigantesque pour l'époque où elle
se produisait, fut commencée par le pharaon Néchos,
fils de Psammétichus.

S'il faut en croire Hérodote, sous le seul règne de
Néchos, cette entreprise aurait coûté la vie à 120 000 ouvriers. Malgré la grandeur d'un tel sacrifice, le pharaon
n'acheva pas le canal de Suez.

Ayant voulu consulter un oracle sur son entreprise,
il en reçut la réponse, qu'accomplir un pareil ouvrage,
c'était travailler pour les barbares.

Les Égyptiens et les Grecs, à leur exemple, appelaient barbares tous les peuples qui ne parlaient pas
leur langue.

L'oracle dut être satisfait qu'on n'exécutât point le
canal par respect pour sa prévoyance, mais il dut être
affligé que les barbares, c'est-à-dire les conquérants, ar-
rivassent précisément par la direction que devait suivre
ce canal.

Darius, un des successeurs du conquérant Cyrus, voulut reprendre le projet du pharaon Néchos, dont la grandeur l'avait séduit. Cette fois, ce ne fut pas aux oracles,
mais bien aux savants de l'époque que le canal dut de
ne pas être achevé. Suivant Diodore de Sicile, ces pré-
tendus savants persuadèrent au roi de Perse que la mer
Rouge était d'un niveau très supérieur à celui de la Méditerranée, et qu'elle inonderait infailliblement la basse
Égypte, si l'on ouvrait à ses eaux une voie qui commu-
niquât avec le Nil inférieur.

Les travaux, commencés par les Égyptiens, continués
par les Perses, ne furent achevés que par les Ptolémées,

---

[1] Les développements historiques qui vont suivre sont extraits en
partie du rapport de M. Charles Dupin à l'Académie des Sciences.

qui s'étaient, dit-on, inspirés des idées d'Alexandre le Grand.

Enfin, après la conquête des Romains, l'empereur Adrien perfectionna l'œuvre des Grecs, afin d'avoir une communication directe entre la mer Rouge et la branche la plus orientale du Nil.

Omar, le compagnon de Mahomet, ayant conquis la vallée du Nil, son lieutenant Amrou lui proposa la création d'un canal direct de Suez à Péluse.

Ce canal, en réunissant les deux mers, devait être, pour la patrie de Mahomet, le principe d'une prospérité nouvelle; mais ce conquérant ignare, qui brûlait la bibliothèque d'Alexandrie, comme inutile ou dangereuse, cet esprit borné ne devait pas comprendre la grandeur d'une pareille idée. Au lieu de voir dans ce canal le moyen de conduire plus rapidement les Arabes à la conquête de l'Occident, Omar eut peur que cette voie ne conduisît trop aisément les flottes européennes dans le pays du Prophète.

Plus tard, un autre disciple de Mahomet, le féroce El-Mansour, fit obstruer le canal de Suez au Nil, afin d'empêcher qu'on ne transportât les blés de l'Égypte à la Mecque et à Médine, qu'il se proposait d'affamer.

Ainsi fut abandonnée, en apparence pour toujours, la voie navigable entre la mer Rouge, le Nil et la Méditerranée.

Cependant, lorsqu'à la fin du siècle dernier, le général Bonaparte eut à son tour conquis l'Égypte, une de ses premières préoccupations fut d'aller à la recherche des vestiges du canal terminé par les Ptolémées, vestiges qu'il eut la gloire de découvrir le premier.

L'ingénieur le Père fut chargé d'étudier la topographie des contrées qui séparent la mer Rouge et le Nil, d'en exécuter le nivellement et de préparer le projet d'un canal complet.

Mais les événements ne tardèrent pas à rappeler en

Europe le conquérant de l'Égypte; l'abandon de l'idée du canal en fut une des premières conséquences, et les conceptions de l'ingénieur français n'eurent d'autre réalité que leur publication dans le grand ouvrage de l'expédition d'Égypte, « monument immortel d'une conquête passagère ».

L'ingénieur le Père eut l'infortune de trouver à la mer Rouge une élévation beaucoup trop grande au-dessus de la Méditerranée. Mais ne serait-on pas injuste en se montrant trop sévère à son égard, pour une erreur commise dans un nivellement qu'il dut accomplir au milieu des circonstances les plus difficiles, avec des moyens insuffisants et sans contrôle praticable d'une double opération ?

Ses études sur la grande vallée qui, du nord au midi, marque l'antique connexion de la mer Rouge à la Méditerranée, n'en étaient pas moins précieuses, et les conceptions de l'ingénieur français, malgré son erreur de nivellement, ont porté les plus heureux fruits.

C'est de nos traditions que s'inspira le célèbre Méhémet-Ali; le destructeur des Mameluks, lorsqu'il fut maître de l'Égypte. C'est d'après elles qu'il creusa le canal de Mahmoudieh, qui conduit d'Alexandrie au Caire, et rétablit entre ce port et les lieux où fut Memphis, une communication aquatique impraticable depuis des siècles.

Tandis que Méhémet-Ali fondait sa fortune en Égypte, les Anglais doublaient la leur en Orient. Lorsqu'ils eurent acquis cent millions de sujets dans les bassins du Gange et de l'Indus, ils furent les premiers à sentir le besoin d'établir entre leur métropole et l'Inde une communication moins détournée, moins lente, moins périlleuse que la voie du Grand Océan, par le cap de Bonne-Espérance.

Après des études approfondies, la direction de Suez parut présenter de tels avantages, qu'ils n'hésitèrent pas à établir immédiatement deux services par bateaux à vapeur, le premier, depuis Liverpool jusqu'au port d'Alexan-

drie, le second, depuis Suez jusqu'à Bombay, Calcutta
et la Chine. Entre Alexandrie et Suez, en passant par le
Caire, les dépêches, les voyageurs et les trésors étaient
transportés sur des chameaux, « ces navires vivants du
désert ».

Ce moyen de communication par les bêtes de somme,
lent et imparfait, ne disparut en partie qu'en 1850, par
l'établissement d'un chemin de fer d'Alexandrie au Caire;
le chemin complémentaire, qui devait le prolonger jusqu'à la mer Rouge, ne fut terminé que beaucoup plus
tard.

Ainsi se trouvait résolu l'un des problèmes désirables
pour communiquer entre l'Europe et l'Inde.

Cent jours de navigation par le cap de Bonne-Espérance
se trouvaient remplacés par vingt-cinq à trente jours, y
compris la traversée par terre de l'isthme de Suez. Mais
la rapidité n'était obtenue qu'aux dépens de l'économie.
On pouvait aller quatre fois plus vite, mais avec une
dépense double au moins de celle qu'exige aujourd'hui
la navigation qui fait le tour de l'Afrique avec le seul
secours du vent. Cette aggravation de dépense, très importante à l'égard du commerce, eut pour résultat que
le tonnage des transports par l'Égypte n'atteignit guère
que le vingtième de celui s'effectuant par le cap de
Bonne-Espérance.

En présence de cette supériorité commerciale persis-
tante de la voie suivie depuis quatre siècles, la pensée
devait se reporter d'elle-même sur l'ouverture d'une voie
directement navigable à travers l'isthme de Suez.

Dès l'année 1841, un Français, M. Linant, ingénieur
du vice-roi d'Égypte, essayait de créer une association
assez puissante pour percer l'isthme par un grand canal
maritime; mais ses efforts restèrent sans résultat.

Cinq ans plus tard, une société nouvelle, reprenant le
projet de M. Linant, faisait exécuter un travail préliminaire de la plus haute importance : le nivellement de

l'isthme entre Suez et Péluse. Sous la direction d'un excellent observateur, M. Bourdaloue, un personnel expérimenté, muni d'instruments d'une merveilleuse précision, exécutait deux séries de nivellement, dirigées en sens contraire, l'une de Suez à Tineh, l'autre de Tineh à Suez.

Ces deux nivellements, de même que ceux qui, en très grand nombre, ont été exécutés depuis, ont donné des résultats parfaitement concordants et tout à fait inattendus. Ils conduisirent à cette conclusion, que la hauteur moyenne des eaux de la mer Rouge surpasse de 70 centimètres seulement la hauteur moyenne des eaux de la Méditerranée.

Pas plus que la première, cette seconde association ne persévéra dans son projet de canalisation.

Trois ingénieurs d'un rare mérite, qui en faisaient partie, MM. Stephenson, Negrelli et Talabot, furent d'avis que l'exécution d'un canal direct présenterait d'immenses difficultés, et leurs vues se portèrent de préférence sur l'établissement d'une voie ferrée d'Alexandrie à Suez.

Tel était l'état des choses, lorsqu'en 1854, M. Ferdinand de Lesseps, ancien consul de France à Alexandrie, reprenant l'idée d'un canal direct entre les deux mers, se dévoua tout entier à sa réalisation et la poursuivit avec une persistance pour laquelle on ne saurait avoir trop d'admiration. Le nouveau promoteur d'une idée qui, depuis vingt-cinq siècles, avait rencontré tant d'obstacles, eut le très grand mérite de comprendre qu'il fallait avant tout éviter les jalousies internationales, qui ne paralysent que trop souvent les projets les plus utiles au genre humain. Il se fit en conséquence accorder par le vice-roi d'Égypte, son ami, l'autorisation de former une société qui ne s'appuierait sur l'intelligence et les moyens financiers d'aucune puissance en particulier, qui ferait appel aux mêmes intérêts chez toutes les nations, et se consti-

tuerait sous le titre de Compagnie universelle du canal
maritime de Suez.

Les premières études, faites par MM. Linant et Mougel,
beys, ingénieurs du vice-roi d'Égypte, furent prises pour
point de départ du projet, mais sans préférence pré-
conçue. Grâce aux améliorations, aux innovations introduites par les nombreux ingénieurs qui furent consultés,
l'œuvre finale, devenue moins personnelle, devait être
plus facilement acceptée.

Lorsque le programme raisonné de M. de Lesseps fut
mis au jour, un vif assentiment se manifesta chez tous
les peuples les plus éclairés, les plus calculateurs et
les moins aventureux. En même temps, des objections
nombreuses et en apparence d'une certaine gravité
furent présentées et soutenues avec beaucoup de talent
par certains ingénieurs d'une réputation européenne,
aux premiers rangs desquels se faisait remarquer M. Stephenson, le célèbre constructeur de chemins de fer.

Afin d'arriver à résoudre les difficultés, à répondre
aux objections, à profiter des critiques et des avis salu-
taires, à formuler, en un mot, une solution définitive,
M. de Lesseps eut l'heureuse idée d'obtenir la formation
d'une commission d'ingénieurs civils et maritimes,
d'hydrographes et d'officiers de marine qui furent de-
mandés aux gouvernements des pays les plus intéressés
dans la question du canal projeté.

Par ce moyen, l'amour-propre d'aucun peuple ne devait être froissé, puisqu'aucun peuple ne pourrait regarder comme sa propriété la conception définitive. Les
vanités internationales se trouvaient paralysées, et c'était
un grand pas fait vers un concours universel.

La commission internationale, une fois constituée, eut
à choisir entre différents systèmes et différents projets.
A la suite d'examens approfondis, il fut reconnu que la
plupart des projets présentaient des inconvénients sérieux : les uns exigeaient des travaux d'art gigantes-

ques, les autres détruisaient de la manière la plus radicale l'admirable système hydraulique sur lequel repose
la prospérité de la basse Égypte.

Un seul projet échappait à la fois à tous ces inconvénients, c'était celui d'un canal direct entre les deux
mers, dont les études, très complètes, étaient dues à
MM. Linant-Bey et Mougel, ingénieurs en chef du vice-
roi d'Égypte. Aussi la commission crut-elle devoir se
livrer à un examen minutieux de ce tracé direct que
nous allons essayer d'indiquer.

Suez et Tineh (l'ancienne Péluse, retrouvée par Monge)
sont les deux points extrêmes du territoire, dans la
partie la plus étroite de l'isthme qu'il s'agit de traverser. La distance entre leurs parallèles n'est que de
120 kilomètres.

Dans cet intervalle, le sol se présente avec la configu-
ration la plus favorable, celle d'une longue vallée très
peu sinueuse. En suivant l'espèce de thalweg, ou ligne
des plus bas-fonds, indiquée par la nature, on ne trouve
qu'un très petit nombre de points où le sol s'élève à
plus de 2 mètres au-dessus du niveau de la Méditerranée; dans un seul point, et sur une assez faible longueur, l'élévation est de 15 mètres.

Dans le tracé définitivement adopté par la commission
internationale, cette heureuse disposition du sol a été
largement utilisée, afin de réduire le plus possible le volume des déblais.

Voici, du reste, ce tracé. En partant de Suez, on suit
d'abord, sur une certaine longueur, le vallon dont les
eaux déversent naturellement dans la mer Rouge; on
parcourt ensuite un arc de cercle de grand rayon pour
pénétrer dans un vaste bassin autrefois rempli par cette
mer. Ce bassin, très allongé, présente plusieurs dépressions consécutives qu'on appelle les lacs Amers, parce
que leurs eaux sont salées; le canal traverse ces lacs
dans leur plus grande longueur, pour arriver au lac

Timsah, port intérieur de la canalisation nouvelle, à 80 kilomètres de Suez.

Au delà du lac Timsah, le canal se dirige en ligne droite vers le nord, traverse le lit de l'ancien canal de Néchos et, après avoir franchi, sur une faible longueur, un terrain culminant de 15 mètres environ de hauteur, le seuil d'El-Guisr, redescend vers le thalweg jusqu'au lac Menzaleh, qui communique directement avec la Méditerranée.

Dans ce tracé, on ne rencontre nulle part de terrains dont les filtrations du canal pourraient compromettre la fertilité. Mais il était important de reconnaître si la nature des terrains ne présentait pas des difficultés extraordinaires pour former le lit d'un très grand canal maritime. A cet effet, de nombreux puits ont été creusés, en des points suffisamment rapprochés, et, par le nombre et la nature des couches traversées, on a pu conclure que les déblais pourraient s'effectuer dans des conditions relativement très favorables.

Un examen attentif des superficies sillonnées par le tracé du canal a permis à la commission de répondre victorieusement à une objection qui ne paraissait pas sans gravité. Le canal, disait-on, est aux confins du désert arabique; ne doit-on pas craindre que les vents n'apportent des tourbillons incessants de sable, et que ce sable, déposé dans le lit du canal, n'occasionne des encombrements excessifs?

De là la nécessité d'un curage sans fin, très dispendieux et gênant pour la circulation. Heureusement l'expérience répond à cette objection. Le canal des pharaons, bien qu'il ne fût qu'à petite section, après tant de siècles d'abandon, n'a pas cessé d'être visible; les deux chaussées qui l'encaissaient montrent encore à nu leur relief de 5 à 6 mètres; les dépôts de sable, transportés par les vents, n'ont été, par conséquent, que très peu sensibles dans cette partie de l'isthme.

De la faible différence de niveau qui existe entre la mer Rouge et la Méditerranée, il résulte qu'alternativement, suivant les vents et les marées, les eaux, à partir de Suez, pénètrent dans le canal ou en refluent en sens contraire, avec des vitesses variables. Le calcul de ces vitesses était de la dernière importance et il a été fait par un savant ingénieur hydrographe, M. Lieussou, au moyen des formules que fournit la science de l'hydraulique.

Ce calcul démontra qu'entre Suez et les lacs Amers, les vitesses pouvaient être assez grandes pour exiger l'empierrement des digues du canal, mais qu'entre les lacs Amers et la Méditerranée, ce travail était parfaitement inutile.

De toutes ces observations la commission crut pouvoir conclure qu'un canal direct, à grande section, sans point de partage et sans écluses, ne présentait aucune difficulté d'exécution qu'il ne fût possible de surmonter avec les immenses ressources dont dispose aujourd'hui l'art des constructions.

Il ne restait plus qu'une seule question à examiner, et non la moins importante, celle des issues du canal dans les deux mers ; voici celles qui ont été arrêtées par la commission :

Issue du canal dans la mer Rouge. — La rade de Suez est située dans la partie la plus septentrionale de la mer Rouge. Pour passer de cette rade dans le port de Suez, on avait à construire, à 400 mètres l'une de l'autre, deux jetées d'inégale longueur, dont la plus grande de 2000 mètres. Comme cette rade, en certains points, n'a qu'une profondeur de 5 mètres, il y avait nécessité de creuser un avant-chenal dont la plus faible hauteur, portée à 9 mètres, s'accroît jusqu'au milieu de la rade où la profondeur naturelle atteint 13 mètres.

En partant du centre de la rade, on pénètre entre les deux jetées, sur une longueur de 2 kilomètres, pour déboucher dans l'arrière-port. Un large quai, construit de-

vant la ville, sert pour les embarquements et les débarquements du port intérieur. Au nord de ce port, ou
bassin, commence le canal proprement dit, où l'on navigue, sans être arrêté par aucune écluse, depuis la mer
Rouge jusqu'à la Méditerranée; c'est ainsi qu'on navigue
aujourd'hui, par le Bosphore de Constantinople, de la
mer Noire à la mer de Marmara.

Issue du canal dans la Méditerranée. — Aux abords de la
Méditerranée, la nature n'a point fait les mêmes frais qu'à
l'extrémité de la mer Rouge. Il fallait donc de toute nécessité créer un port. C'est à 28 kilomètres de l'ancienne
Péluse que la commission fixa le débouché du canal dans
la Méditerranée. Le port s'appelle Port-Saïd, en souvenir
du prince éclairé sous les auspices duquel a commencé
la grande entreprise.

La partie du littoral, en avant de Péluse, présente ce
fait, extrèmement remarquable, de n'avoir pas varié depuis
dix-neuf siècles. Entre la mer et les ruines de cette ville
la distance est encore absolument la même que celle indiquée par le géographe Strabon.

Les vents qui, sur la côte d'Égypte, soufflent avec le
plus de violence, sont les vents d'ouest et de nord-
ouest, qui parcourent la Méditerranée dans sa plus grande
largeur.

C'est pour cette raison que, des deux jetées formant
l'entrée de Port-Saïd, celle de l'ouest devait s'avancer
le plus loin dans la mer, afin d'être un véritable brise-
lames et de protéger l'entrée; sa longueur fut fixée
à 3500 mètres, tandis que celle de l'autre jetée ne
devait pas dépasser 2500 mètres; à cette distance la
profondeur d'eau est de plus de 8 mètres et, par suite,
suffisante pour les navires du plus fort tonnage.

Entre les deux jetées dut être ménagé un avant-port
n'ayant pas moins de 72 hectares de superficie; on passe
de cet avant-port dans le bassin carré de Saïd, large de
800 mètres.

Ainsi furent vérifiées par les faits les nombreuses observations sur la nature du littoral, d'où la commission avait conclu qu'il n'y avait aucune impossibilité à faire déboucher le canal à travers la plage immuable de Péluse et que la création de Port-Saïd serait une œuvre plus facile que celle du port de Malamocco, créé pour Venise; dans des conditions plus défavorables et pour un objet bien moins important.

Si l'on considère cet ensemble de travaux que la commission reconnut nécessaires pour l'établissement d'un canal direct entre les deux mers, destiné à recevoir les navires du plus fort tonnage, on ne saurait s'étonner que l'exécution de ce canal, de ses entrées dans les deux mers et de trois ports, ait entraîné une dépense d'environ 432 millions de francs.

En regard d'une si énorme dépense, il n'est pas sans intérêt, croyons-nous, de placer l'énumération des divers avantages qu'on peut espérer de cette œuvre colossale.

Jusqu'à ce jour la navigation continue par le cap de Bonne-Espérance a eu le privilège du transport de cette immense quantité de marchandises qui constituent le commerce entre l'Europe et les grandes Indes.

Jusqu'aux derniers jours du quinzième siècle, le commerce ne connaissait pas la route de l'Europe à l'Inde, en faisant le tour de l'Afrique. Ce n'est qu'en 1497 que Vasco de Gama, doublant le cap de Bonne-Espérance, découvert dix ans plus tôt par Barthélemi Diaz, abordait à Mélinde sur la côte d'Afrique, où il se procurait un pilote arabe qui le conduisit à Calcutta.

La route était découverte et fut, dès lors, suivie par les navires à voiles.

Lorsque l'application de la vapeur à la navigation eut été très perfectionnée, on essaya par la voie du cap de Bonne-Espérance de mettre la vapeur en concurrence avec la voile. Le nouveau moyen fut trouvé trop dispendieux; une riche compagnie anglaise qui l'entreprit fut ruinée, et la voile continua seule à suivre cette voie.

Plus récemment les Anglais, comme nous l'avons déjà dit, ont eu l'idée d'établir deux lignes de navires à vapeur, l'une de l'Angleterre à Alexandrie, l'autre de Suez aux grandes Indes. Entre Alexandrie et Suez, le transport se fit d'abord à dos de chameaux, puis par chemin de fer. La durée d'un voyage se trouva réduite à vingt-cinq ou trente jours; mais une pareille rapidité ne s'obtient, comme nous l'avons dit, qu'au prix de très grandes dépenses, et la quantité des transports effectnée par la voie d'Alexandrie n'était qu'une faible fraction de celle qui continuait à suivre la route du cap de Bonne-Espérance. La raison en est facile à comprendre. Supposons qu'un navire de mille tonneaux, chargé dans un port européen, entre dans le port d'Alexandrie; il faut d'abord qu'on débarque avec ordre un million de kilogrammes de marchandises, ensuite qu'on les charge sur un long train de wagons.

En arrivant à Suez, il faut reprendre ce million de kilogrammes et le charger sur un ou plusieurs navires, supposés présents et prêts à partir.

Que de temps et de dépenses cette multiplicité d'opérations n'entraîne-t-elle pas? Et si les objets à transporter sont fragiles, s'ils craignent d'être tachés, déchirés, mouillés, dans quelle proportion n'augmente-t-on pas les chances d'avaries par ces embarquements et ces débarquements successifs?

D'ailleurs à qui s'en prendre du mauvais état des objets transportés, quand ces objets n'arrivent qu'après deux voyages de mer, entrecoupés par un transport sur chemin de fer? Il né peut plus être question d'aucune responsabilité personnelle.

Avec un canal maritime, au contraire, un seul et

même navire prend la marchandise au départ et la délivre à l'arrivée, sans transbordements d'aucune espèce. Le canal de Suez n'a donc pas à redouter la concurrence du chemin de fer égyptien.

Mais il faut de plus que ce canal devienne le transport économique, le vrai transport entre l'Europe et les Indes, qu'il remplace la route suivie jusqu'alors par le cap de Bonne-Espérance.

Ce résultat ne peut pas être un seul instant douteux, lorsqu'on compare les distances à parcourir par le Cap et par l'isthme de Suez.

Pour arriver à l'île de Ceylan, en partant du Havre, la distance par le Cap est de 26 000 kilomètres; par Suez, elle n'est plus que de 13 000 kilomètres, c'est-à-dire juste la moitié. Pour Marseille, le raccourcissement est encore bien plus considérable, puisque la route qui, par le Cap, est actuellement de 27 000 kilomètres, est réduite par Suez à 10 000.

Pour les principaux ports de l'Europe, les réductions sur les distances sont comprises entre celles que nous venons d'indiquer, c'est-à-dire entre la moitié et les deux tiers.

A la vue de ces énormes économies dans la longueur du parcours, il n'est pas un marin de la Méditerranée, Catalan, Français, Génois, Grec ou Vénitien, qui, avec un bâtiment à voiles bien construit et bien gréé, n'entreprenne hardiment de lutter, en passant par la mer Rouge, contre la navigation si détournée par le Cap.

Mais l'utilité du canal est encore bien plus considérable pour les navires mixtes, c'est-à-dire pour les navires à voiles munis d'une force modérée fournie par la vapeur. Ce système nouveau, qui tend de plus en plus à se développer, présente des avantages spéciaux de sécurité et de régularité de marche, qui parviennent à compenser la dépense de combustible. Dans une même année, les navires passant par Suez peuvent faire trois

ou quatre fois plus de voyages que ceux passant par le
Cap; leur capital rapporte davantage, et, comme ils ont
moins de dangers à courir, ils payent de moindres as-
surances pour les chargements et les navires.

Au point de vue pécuniaire, le succès futur de cette
gigantesque entreprise n'est pas douteux, si l'on veut
bien tenir compte du développement qu'a pris, depuis
le commencement de ce siècle, le commerce de l'Europe
avec l'Orient.

Dans l'année 1800, les Anglais recevaient de l'Orient
des produits pour une valeur de 125 millions de francs,
et ne lui en envoyaient que pour 70 millions. A cette
époque, les arts de l'Europe étaient encore impuissants
à payer les riches produits du climat et des industries
de l'Orient.

Mais, en un demi-siècle, le commerce a subi une méta-
morphose complète, grâce aux merveilleux changements
introduits dans les manufactures européennes par les
progrès continus des sciences et des arts.

En 1854, l'Inde envoie à l'Angleterre des produits
pour une valeur de 665 millions de francs, mais l'Angleterre lui en renvoie pour une valeur presque égale,
exactement 657 millions. Importations et exportations
réunies s'élevaient donc, pour un seul peuple, à
1 322 000 000 francs.

Depuis 1854, c'est-à-dire dans une période de trente
ans, ce commerce a presque triplé ; il suffirait donc de
prélever sur les produits transportés un droit égal, au
plus, à la centième partie de leur valeur, pour assurer
une rémunération suffisante aux nombreux capitaux en-
gagés dans l'entreprise du canal des deux mers.

Après l'achèvement des travaux de la commission
internationale, M. de Lesseps, désireux d'obtenir l'approbation des corps savants de l'Europe entière, soumit
à l'examen de l'Académie des sciences de Paris toutes
les pièces du vaste projet dont il avait été le promoteur.

L'approbation de cette illustre assemblée ne se fit pas attendre, et nous ne pouvons nous dispenser de citer textuellement les considérations par lesquelles M. Charles Dupin terminait son remarquable rapport :

« En définitive, disait ce savant géomètre, le grand canal de l'Égypte sera la seule route maritime pour communiquer, sans détour immense et sans solution de continuité, entre l'Europe, l'Afrique septentrionale et le monde oriental. Il ouvrira la voie la plus économique entre trois cents millions d'Occidentaux qui possèdent la science, l'industrie, l'opulence, et six cents millions d'Orientaux auxquels la nature et l'art ont donné : en Australie, la laine et l'or; en Arabie, les aromates; en Océanie, les épices; en Chine, le thé, la porcelaine; dans l'Inde, la soie et le coton. Les neuf dixièmes du genre humain seront mis en communication directe par une voie navigable à laquelle vont se rattacher, d'abord tous les grands travaux publics en cours d'exécution sur notre hémisphère, puis tous ceux que l'on prépare, à la seule annonce du nouveau trait d'union que l'on veut tirer sur la carte des deux mondes.

« L'Académie nous permettra de lui soumettre la pure énumération des rapports qui s'établissent entre le progrès actuel des nations les plus actives et l'entreprise projetée. C'est un tableau plein d'enseignements.

« Dans l'Hindoustan, l'Angleterre perce des chaînes de montagnes pour ouvrir des chemins de fer, depuis l'Océan jusqu'aux plaines immenses, où la culture du coton peut être aisément décuplée. Il s'agit de suppléer aux produits insuffisants des États-Unis. Ce coton d'Orient, que l'on transporte maintenant par la voie si longue du cap de Bonne-Espérance, et que l'on s'apprête à multiplier par centaines de millions de kilogrammes, aussitôt que s'ouvrira le canal égyptien, on pourra l'apporter à Manchester, plus vite, à de meilleurs termes, et plus en état de soutenir la lutte avec les concurrents si fiers et parfois si menaçants de l'Amérique septentrionale.

« Manchester a cette puissance qu'elle dicte à l'Angleterre ses convictions commerciales; ville avant tout pratique et logique, elle n'admet pas les obstacles qui s'appuient autre part que sur ses intérêts et sa raison.

« Les gouverneurs de l'Inde britannique achèvent le long canal de la Jemma, qui double la navigation du Gange et qui la fait remonter au pied des pentes de l'Himalaya. On étend jusque-là le parcours fructueux de la navigation qui deviendra la plus directe entre la Grande-Bretagne et 80 millions de ses sujets, concentrés avec leurs richesses dans le bassin gangétique.

« Quand l'Australie triple en dix ans sa population, et quadruple en quatre ans son commerce avec l'Europe, elle appelle avec d'autant plus de puissance une voie moins longue que les six mille lieues de route détournée qui l'éloignent de l'ancien monde.

« En 1856, elle a passé contrat pour transporter par l'Égypte ses voyageurs, sa correspondance et son or, en attendant que ses produits communs suivent cette voie devenue complètement maritime.

« Des conséquences du même ordre attendent les grands travaux qui s'accomplissent en Europe.

« Lorsque l'Autriche prolonge le réseau ferré de la Lombardie jusqu'à Venise, et le réseau de l'Allemagne depuis le Weser, l'Elbe et le Danube jusqu'à Trieste, l'Autriche ouvre par cela même à l'Allemagne, aux provinces cisalpines, la voie qui conduit par l'Adriatique aux trésors de l'Orient.

« A la simple idée d'un canal de Suez appelant les navires de la Méditerranée et les détournant du cap de Bonne-Espérance, l'Italie voit renverser le problème dont la solution directe fit sa ruine, il y a quatre siècles; aussitôt, la Péninsule réveillée, invoquant le progrès des arts modernes, cherche à ressuciter les prospérités du moyen âge.

« Le simple conseil municipal qui remplace à Venise la glorieuse république dont le doge épousait la mer, et l'épousait en souverain, ce conseil établit une commission d'enquête ; il la charge de retrouver les traditions du Levant par la voie d'Égypte, et d'explorer les moyens nouveaux d'en reproduire la grandeur.

« L'institut scientifique de l'État vénitien propose un prix à celui qui montrera le mieux quelles seront les conséquences probables du canal maritime de Suez, et quel ensemble de voies territoriales de communication pourra de nouveau rendre Venise le centre commercial correspondant à cette route de l'Inde.

« De son côté, le royaume de Sardaigne, cette abeille laborieuse, au courage plus grand que le corps, la Sardaigne ouvre à la fois ses Alpes et ses Apennins à la Suisse, à la Savoie, au Piémont, pour tout conduire au port de Gênes. La Sardaigne va plus loin : elle vote une loi pour élargir ce port aux grands souvenirs ; pour l'accroître, suivant l'exposé des motifs, dans la vue de suffire au grand nombre des navires que le canal maritime égyptien va faire affluer dans le berceau des Christophe Colomb et des André Doria.

« Il n'est pas jusqu'à l'État romain qui, dans la même prévision, ne trouve ses ports insuffisants. Une commission pontificale est instituée pour chercher, au delà du Tibre, du côté de l'Orient, une baie propre à recevoir de grands navires, et dont l'art puisse faire un port marchand de premier ordre. On rattachera ce port au long chemin de fer qui conduira de Calais à Naples, par Paris, Florence et Rome ; nouvelle voie pour aller plus directement de Londres dans les mers de l'Inde.

« L'Espagne aussi se réveille. Elle conduit ses chemins de fer, du centre de l'État à Barcelone, à Carthagène, à Cadix ; elle appelle à la fois l'Andalousie, la

Murcie, la Castille et la Catalogne à vivifier les Philippines, ses Antilles d'Asie. Il suffira de mettre à profit la voie raccourcie de la mer Rouge et de la Méditerranée.

« A l'exemple de l'Institut vénitien, la Société économique de Barcelone propose un prix dont le sujet est choisi dans le même but et la même espérance.

« Le mouvement s'est propagé jusqu'aux. confins de la mer du Nord. La Hollande tourne ses vues vers la voie maritime qui préoccupe le monde, et pour laquelle elle a prêté le premier ingénieur de ses travaux hydrauliques.

« Le roi de Hollande a fait choix d'une commission composée des chefs du commerce, de l'industrie et des travaux publics; il leur a prescrit d'étudier les conséquences qu'aura l'ouverture du canal égyptien sur la navigation et le négoce d'un État qui possède encore dans l'Océanie les îles de la Sonde et les Moluques.

« Ces belles possessions, révivifiées depuis un tiers de siècle, sont plus que doublées dans leur force productive. Il s'agit déjà d'un mouvement commercial annuel de 300 millions de francs à faire passer par l'Égypte.

« Les villes hanséatiques s'apprêtent à profiter des lumières recueillies par la Hollande.

« Tels sont les faits qui nous frappent par leur ensemble. La seule annonce d'une voie navigable et libre, qui s'offre à tous les peuples maritimes, les a mis tous en mouvement. Chacun d'eux fait ses calculs, consulte son expérience et mesure la route promise ; chacun se prépare à lutter sur le théâtre d'une activité nouvelle, pour recueillir des bienfaits qui seront partagés entre tous les concurrents, selon leurs efforts et leur génie.

« Dans cet élan général de tant de peuples éclairés, on pourrait nous accuser d'avoir omis un seul nom. Mais toutes les nations prononceraient pour nous celui du peuple qui n'est envieux d'aucun autre et voudrait être utile à tous. C'est en même temps la nation qui donne l'impulsion vers tous les buts généreux, au lieu de la recevoir.

« Vous l'avez vu dès le commencement de notre rapport, le promoteur de l'entreprise, si bien secondé par un membre éminent.de l'Institut ; les ingénieurs des ponts et chaussées auxquels appartiennent les plans et les devis du canal et des nouveaux ports ; le contrôleur de l'étude géologique et des forages ; le géographe, auteur du beau nivellement qui fait disparaître une erreur énorme accréditée depuis vingt-quatre siècles ; l'hydrographe, auteur de l'étude des rades, des marées et du régime des eaux dans le Bosphore projeté : tous ces créateurs du canal appartiennent au même pays. Sans rien ôter à l'honneur des collaborateurs étrangers, sans rien ôter aux juges expérimentés dont nous avons signalé les services internationaux et dont la part contributive est si recommandable, nous nous contenterons de dire : MM. Ferdinand de Lesseps et Barthélemy Saint-Hilaire, MM. Linant-Bey et Mougel-Bey, MM. Renaud, Bourdaloue et Lieussou sont tous des enfants de la France ; et leurs travaux sont dignes d'elle.

« Nous résumons d'un seul mot notre jugement sur l'œuvre considérable soumise à notre examen, œuvre expliquée dans les mémoires de M. Ferdinand de Lesseps et dans les calculs, les plans, les devis, les rapports à l'appui : *La conception et les moyens d'exécution du canal maritime de Suez sont les dignes apprêts d'une entreprise utile à l'ensemble du genre humain.*

« Par ces simples mots nous croyons exprimer, dans sa plus grande étendue, le jugement favorable de toute l'Académie. »

Les conclusions de ce rapport furent adoptées. A cette approbation sans réserve de l'illustre Académie française, ne tardèrent pas à se joindre les éloges unanimes de tous les corps savants de l'Europe.

Dans la même année, tous les conseils généraux de

l'empire français, toutes les chambres de commerce
avaient émis le vœu que l'exécution du percement de
l'isthme de Suez fût terminée le plus promptement possible. Les meetings anglais n'avaient pas été moins unanimes et la plus célèbre de toutes les chambres de commerce d'Angleterre, celle de Manchester, s'était prononcée
dans le sens le plus favorable au projet : voici d'ailleurs
la résolution qu'elle crut devoir prendre :

« Après avoir entendu les explications de M. de Lesseps,
relatives au projet de canal maritime traversant l'isthme
de Suez, l'assemblée est d'avis que de grands avantages
doivent résulter, pour le commerce et la civilisation, de
l'accomplissement de ce projet et qu'il mérite éminemment l'appui de l'univers commerçant. »

Cependant, en dépit de ce concours universel des in
térêts et des vœux de l'Europe entière, en dépit même des
résolutions arrêtées par les meetings et les principales
chambres de commerçants d'Angleterre, le gouvernement
britannique, représenté par le vieux lord Palmerston, essaya d'organiser une vive résistance contre cette magnifique entreprise, qui avait le grand tort d'offrir le même
degré d'utilité à tous les peuples maritimes. Au nom de
prétendues traditions politiques, le ministre parvint à ral-
lier à sa cause la majorité du parlement et de la chambre
des communes, non sans soulever toutefois d'éloquentes
protestations de la part du parti libéral.

A une discussion, d'abord toute politique, on essaya de
mêler des arguments techniques et le célèbre ingénieur
R. Stephenson, dont nous avons déjà parlé, monta à la
tribune, pour déclarer que, d'après les observations qu'il
avait faites lui-même sur les lieux, l'exécution du canal
de Suez serait impraticable.

Une semblable opinion, émise par un homme d'une
grande valeur, pouvait avoir les conséquences les plus fu-
nestes, si les amis et les défenseurs du canal maritime,
laissant de côté les vaines protestations, n'avaient abordé

franchement l'examen des objections soulevées par ses adversaires et ne les avaient réduites à néant.

Au nom de la commission internationale, le savant M. Paléoccapa publia, le premier, un mémoire où les idées de M. Stephenson se trouvent réfutées avec une netteté qui ne laisse aucun doute sur leur peu de fondement.

Plus tard, dans un second mémoire à l'Académie des sciences, M. Charles Dupin reprit la question et s'attacha, par une discussion en règle, à mettre à nu les erreurs de l'ingénieur anglais.

Nous ne croyons pas devoir reproduire ces documents, qui n'auraient guère maintenant pour résultat que de remettre en évidence l'erreur où se serait laissé entraîner le gouvernement anglais par une résistance opiniâtre.

Qu'il nous suffise de dire qu'après la publication des mémoires de MM. Paléoccapa et Charles Dupin, aucun doute ne pouvait subsister sur la possibilité pratique du percement de l'isthme de Suez.

La science, l'art, les intérêts de l'Europe entière appelaient sa prompte exécution, et devant ce concours de vœux universels ne se dressait plus aucun obstacle sérieux.

En présence de cette situation, M. de Lesseps comprit que la période de discussion était passée, et que le moment était venu d'abandonner le domaine de la théorie pour entrer dans la voie de l'exécution et faire appel au crédit de l'Europe. En moins d'un mois, le capital nécessaire à l'entreprise était non seulement souscrit, mais dépassé dans des proportions inattendues.

Au mois de décembre 1858, la société était définitivement constituée, et M. de Lesseps annonçait à une première assemblée d'actionnaires l'ouverture prochaine des travaux. L'exécution du canal n'était-elle pas la réponse la plus péremptoire à l'assertion de ce gouvernement qui, de par la science d'un de ses ingénieurs, l'avait déclarée impossible?

Le désert présentait de grandes difficultés pour l'organisation des travaux d'une entreprise aussi gigantesque.

Pour y faire vivre des milliers d'ouvriers, il fallait y apporter toutes les choses nécessaires à l'existence et, avant tout, de l'eau potable.

Une dérivation du Nil, établie jadis par Méhémet-Ali, sur une longueur de 60 kilomètres, fut cédée à la compagnie, qui s'empressa de la continuer jusqu'au lac Timsah.

L'eau douce, ainsi amenée au centre même de l'isthme, permettait de s'établir en ce point et d'y fonder un centre d'organisation. Bientôt on vit s'élever, comme par enchantement, à cet endroit naguère complètement désert, la ville d'Ismaïlia, qui compta bientôt plus de cinq mille habitants. C'est là que fut installée la direction générale des travaux, et que furent concentrés les magasins généraux et les ateliers de réparation pour le matériel de toute la ligne.

Il fallait encore conduire l'eau douce le long des chantiers à organiser sur le canal maritime, d'un côté jusqu'à Suez, de l'autre jusqu'à Port-Saïd.

Pour cela, sur le canal déjà creusé, on établit une seconde dérivation qui, longeant à peu près le tracé du grand canal, aboutit à Suez, dans la mer Rouge, après un parcours de 80 kilomètres.

Ces travaux ont eu pour résultat immédiat une véritable transformation de la ville de Suez qui, jusqu'alors, manquait complètement d'eau potable; on était réduit à amener chaque jour du Caire, par le chemin de fer, dans des wagons-citernes, la quantité d'eau nécessaire à la consommation.

Le canal a servi, de plus, au transport, par bateaux plats, d'une partie de l'immense matériel destiné aux travaux.

La prise d'eau de Zagazig, qui alimente le canal d'eau douce, est sujette aux variations de niveau de la branche du Nil sur laquelle elle est établie; de plus, elle est faite à un niveau très bas qui n'assure pas partout un tirant d'eau suffisant pour tous les besoins.

Aussi s'est-on promptement décidé à faire une nouvelle dérivation, en amont du grand barrage du Nil. Ce nouveau canal, qui n'a pas moins de 75 kilomètres de longueur, a l'avantage de relier le canal maritime à toute la vallée du Nil, et de pourvoir à l'irrigation des terres, au fur et à mesure de leur mise en culture.

Dans la partie nord du tracé, d'Ismaïlia à Port-Saïd, les lagunes du lac Menzaleh n'ont pas permis l'établissement d'un canal découvert. L'eau, élevée par des machines dans un réservoir en tôle, de 500 mètres cubes, installé sur les hauteurs d'Ismaïlia, fut envoyée jusqu'à Port-Saïd par une conduite en fonte, longue de 80 kilomètres environ ; cette conduite servit à alimenter, sur son parcours, plusieurs réservoirs métalliques où s'emmagasinèrent les provisions d'eau nécessaires aux divers chantiers.

Tels furent les travaux préalables exécutés pour amener l'eau douce sur les différents points de l'isthme.

Nous allons essayer maintenant de donner une idée de ceux qui furent entrepris pour l'établissement du grand canal maritime depuis Port-Saïd jusqu'à Suez, d'après le tracé arrêté par la commission internationale.

La ville de Port-Saïd, peuplée aujourd'hui de plus de 10 000 habitants, est de création toute récente : elle a été fondée sur l'étroite langue de terre qui sépare les lacs Menzaleh de la Méditerranée. Toutes les constructions ont été établies sur pilotis. A une certaine distance de la plage, on a tout d'abord formé, au moyen de pieux en fer et de blocs de pierre, un véritable îlot artificiel où pussent aborder les navires chargés d'apporter l'immense matériel nécessaire aux travaux. Cet îlot fut ensuite relié à la côte par un môle, de 1500 mètres environ de longueur. Le chenal d'accès du canal maritime est compris, comme nous l'avons déjà dit, entre deux jetées, dont la plus grande, celle de l'ouest, est précisément la continuation de ce môle. Il présentait, au mois de juin de l'année 1866, une ligne d'eau de plus de 5 mètres de profondeur, sur une largeur variant de 60 à 100 mètres. Des dragages ultérieurs ont eu pour objet d'augmenter, au fur et à mesure du développement de la navigation, l'espace nécessaire au stationnement des navires.

Dans le projet primitif de la commission, les jetées devaient être parallèles, et à une distance de 400 mètres l'une de l'autre; mais, au moment d'en commencer l'exécution, une modification ingénieuse a été proposée et définitivement adoptée; la jetée de l'Est, partant de terre à 1400 mètres de la jetée de l'Ouest, se dirige obliquement vers cette dernière, et s'arrête de façon à laisser entre elles une entrée d'environ 400 mètres.

On a obtenu de la sorte une vaste nappe d'eau abritée, en forme d'éventail, qui assure aux navires un mouillage dans une rade couverte, à l'entrée des jetées, c'est-à-dire dans la position la plus avantageuse.

La création de cet avant-port a conduit à abandonner la disposition du bassin de Port-Saïd, et a permis de lui donner la forme de l'embouchure d'un fleuve; des bassins transversaux, ménagés sur les bords, servent aux déchargements des navires.

Pour la construction des jetées, on a admis l'emploi de blocs artificiels de béton, formés de sable et de chaux hydraulique. Chaque bloc n'avait pas moins de 10 mètres cubes et pesait 20 000 kilogrammes. Les chantiers de construction furent installés de manière à fournir 25 à 30 blocs par jour. Les deux jetées comportaient ensemble l'emploi de 25 000 blocs; leur construction, commencée en 1865, était terminée en 1869.

Canal de l'isthme de Suez. — Dragues au montage.

C'est la vapeur qui a fait mouvoir les broyeurs destinés à la trituration des matières; c'est elle aussi qui a
donné le mouvement aux puissants appareils qui soulevaient ces masses énormes et les plaçaient sur les chalands pontés destinés à les conduire aux points où elles
devaient être immergées.

De Port-Saïd jusqu'à Suez, le canal maritime a une
longueur de 160 kilomètres environ. Il traverse les lacs
Menzaleh, Ballah, Timsah et les lacs Amers, et ne présente que deux tranchées importantes : sur une longueur de 30 kilomètres, celles des seuils d'El-Guisr et
du Sérapéum.

Les premiers travaux ont eu pour but d'établir une rigole
maritime entre la Méditerranée et le lac Timsah, destinée à
remplir, au point de vue des transports, le même rôle que
le canal d'eau douce, depuis le lac Timsah jusqu'à Suez.
La nature vaseuse et sans consistance du terrain, à la
traversée des lacs Menzaleh, présentait de grandes difficultés, qu'on est toutefois parvenu à surmonter.

Le seuil d'El-Guisr, dont l'altitude maxima au-dessus
du niveau de la Méditerranée est de 18 à 19 mètres, a
été entamé par une tranchée réduite, creusée par les
contingents de fellahs. Au mois de novembre 1862, le
seuil entier était percé, et une rigole maritime continue
amenait l'eau de la Méditerranée dans le lac Timsah, qui
était à sec. Bien que cette rigole n'eût qu'une profondeur
assez faible, elle avait cependant une utilité de premier
ordre, puisqu'elle permettait le passage de bateaux plats,
de faible tirant d'eau, destinés au transport et à la répartition du matériel sur les chantiers.

Malgré l'importance des travaux exécutés jusqu'à cette
époque, ceux qui restaient à faire pour donner partout
au canal ses dimensions définitives étaient bien plus considérables encore, puisque, d'après les évaluations des
ingénieurs, le volume des terres à déblayer et à transporter dépassait 60 millions de mètres cubes.

Dans de pareilles conditions, le travail de l'homme était insuffisant et trop dispendieux. De puissants appareils, mus par la vapeur, pouvaient seuls fournir un travail à la fois rapide et économique.

La nécessité, merveilleusement secondée par les progrès de la science industrielle, produisit les inventions les plus remarquables.

La simple pioche du terrassier fellah fut remplacée, pour les déblais à sec, par l'excavateur à vapeur, qui chargeait lui-même sur les wagons, destinés à les transporter à de grandes distances, les débris du sol qu'il avait creusé avec une admirable précision. Cet appareil, inventé par M. Couvreux, l'un des entrepreneurs, rendit les plus grands services dans le percement du seuil d'El-Guisr, qu'il s'agissait d'approfondir et d'élargir sur une longueur de 10 kilomètres. Cet important travail a été exécuté entièrement par la vapeur; l'installation complète des chantiers n'a pas compris moins de 30 kilomètres de voies de fer, 15 locomobiles, 10 excavateurs, 400 wagons de terrasssement et de nombreux ateliers de réparation.

Pendant l'année 1865, tous les travaux furent consacrés à l'élargissement et à l'approfondissement de la ligne navigable entre Port-Saïd et le lac Timsah. Ils ont eu pour résultat de creuser, dans toute cette étendue, un chenal d'une section suffisante pour laisser passer, à destination de la partie sud du canal, les grandes dragues complètement montées. Ces appareils, d'une puissance inconnue jusqu'à ce jour, avaient conduit à modifier le projet primitivement adopté pour le canal; la largeur au plan d'eau fut tout d'abord portée à 100 mètres, au lieu de 56; celle du plafond, c'est-à-dire de la partie inférieure du chenal, resta fixée à 22 mètres. Cet élargissement du plan d'eau permit de donner au bord du canal l'inclinaison d'une plage douce sur laquelle les lames que produit le passage des bateaux s'étalent, sans ronger les berges. Les enrochements, destinés d'abord à préserver

Grande drague exécutée par M. Gouin pour le percement de l'isthme de Suez.

les talus beaucoup moins inclinés du projet primitif, sont devenus inutiles.

Un spectateur des travaux, en 1865, écrivait ces lignes :

« Actuellement, de nombreuses dragues creusent le canal entre la Méditerranée et le lac Timsah.

« Les unes versent leurs déblais dans les bateaux à vapeur qui les portent en mer, à de grandes distances; les autres les déposent, au moyen de couloirs, directement sur les berges; de ces dernières, un certain nombre déblayent les bords du canal, tandis que d'autres travaillent au milieu et creusent à toute profondeur.

« Ces dragues amènent d'un seul jet les déblais sur les berges à des distances de 60 à 70 mètres. Ce résultat, jusqu'ici sans précédent, est obtenu par l'adjonction à chaque drague d'un long couloir, véritable aqueduc métallique qui prend naissance sur l'appareil lui-même, au point où les godets déversent les produits du dragage. Ce couloir, soutenu vers le milieu par un ponton en fer, est relié à la drague dont il suit tous les mouvements, et son extrémité vient aboutir au delà des berges du canal, à une hauteur de plusieurs mètres au-dessus du sol.

« En même temps que les déblais tombent des godets dans le couloir, des pompes, mues par la machine à vapeur de la drague, versent à la partie supérieure un volume d'eau considérable, qui forme un véritable torrent, délayant et entraînant les déblais à une grande distance; grâce à leur fluidité relative, ces déblais vont s'étaler sur une large surface et ne produisent ainsi que des dépôts d'une très faible hauteur.

« Cet appareil, dont la simplicité assure le succès, est une des innovations les plus heureuses parmi toutes celles qu'ont déjà fait naître les besoins gigantesques des travaux de jonction des deux mers; le spectateur le plus indifférent, comme l'ingénieur le plus expérimenté, est vivement frappé par la vue de cette immense machine qui, creusant le milieu même du canal, verse au delà de ses bords des torrents d'eau et de terre.

« Deux hommes suffisent à la rigueur pour diriger ce rapide opérateur qui, en dix heures, ne donne pas moins de 1800 mètres cubes de déblais, c'est-à-dire plus de deux cents fois le travail de l'ouvrier le plus habile.

« En ce moment, par le canal élargi à travers le seuil d'El-Guisr, le lac Timsah est complètement rempli par les eaux de la Méditerranée. De Port-Saïd à ce lac, les dragues achèvent de donner partout au canal ses dimensions définitives.

« Pour la partie du canal maritime de Timsah à Suez, on a creusé à sec un premier chenal dans lequel on a introduit les eaux du canal d'eau douce, de manière à pouvoir y faire pénétrer les puissantes dragues que nous venons de décrire, et exécuter ainsi la presque totalité des déblais par voie de dragages, c'est-à-dire dans les conditions qui assurent la plus grande rapidité et la plus grande économie. »

La simplicité des solutions trouvées, la puissance d'organisation des chantiers, le bon fonctionnement des appareils, avaient donné lieu d'espérer que les délais fixés pour l'achèvement des travaux ne seraient pas notablement dépassés, et qu'avant la fin de l'année 1869, on pourrait faire l'inauguration du canal de jonction des deux mers.

Ces prévisions se sont réalisées, et l'inauguration a eu lieu avec un grand éclat le 17 novembre 1869.

Pendant les quatre journées de cette solennité, qui laissera de longs souvenirs, les 17, 18, 19 et 20 novembre, 130 navires, chargés de marchandises, se présentèrent pour passer le canal, aux deux extrémités, à Port-Saïd et à Suez, et furent, par suite d'une décision de la compagnie, exonérés de tout droit de transit. C'étaient les précurseurs. Depuis cette époque, le mouvement maritime suit une rapide progression. En 1882, il est passé 5198 navires, représentant 7 122 126 tonnes.

§ 4

Canal interocéanique de Panama. — Considérations générales. — Projets divers de communication entre les deux mers. — Congrès des Sciences géographiques. —Expédition de MM. Wyse et Reclus· — Commission internationale et M. de Lesseps. —Tracé général du Canal interocéanique. — Durée des travaux et dépenses.

L'obstacle que l'isthme de Suez opposait à la navigation dans le vieux continent a disparu et les relations entre l'Europe et l'Asie orientale prennent, chaque jour, une importance plus considérable, grâce à la nouvelle voie maritime dont la création est due à l'initiative et à la persévérance de M. F. de Lesseps. En Amérique, l'isthme de Panama constitue un obstacle du même genre. Toute la région occidentale des continents américains n'est en relation avec l'Europe que par une voie maritime d'une grande longueur, qui n'est pas sans offrir de sérieux dangers à la navigation, particulièrement aux abords du cap Horn. Le succès du percement de l'isthme de Suez devait naturellement ramener l'attention sur l'isthme de Panama. La question de l'établissement d'un canal à travers le continent américain n'est, d'ailleurs, pas nouvelle, et on peut dire qu'elle a été posée dès le commencement du seizième siècle. Sous la domination espagnole, lorsqu'on eut constaté qu'il n'existait aucun passage naturel permettant de communiquer de l'océan Pacifique à l'Atlantique, l'idée d'ouvrir un canal à travers l'isthme pour réunir les deux océans se présenta naturellement à l'esprit de plus d'un conquérant; mais aucune étude sérieuse ne fut entreprise. Il convient, d'ailleurs, de remarquer que les moyens d'exécution dont on pouvait

disposer à cette époque eussent été tout à fait insuffisants pour mener à bien une opération aussi gigantesque.
Trois siècles plus tard, en 1829, le grand patriote Bo-
livar, devenu président de la Colombie, chargea deux
ingénieurs, MM. Lloyd et Falmarc, de faire les études nécessaires pour l'établissement d'une voie de communication entre les deux mers. A cette époque, les marchandises expédiées de Panama vers l'Europe étaient portées
à dos de mulet, par des sentiers difficiles, à la Gorgona
ou à Cruces, puis chargées sur des gabares à fond plat
(Chatos), ou sur des pirogues (Bongos), qui se rendaient
à Porto-Belo, en suivant la rivière de Chagres et la mer.
La solution proposée par les ingénieurs, pour réduire les
frais de transport, consistait à construire un chemin de
fer depuis Panama jusqu'au Rio Trinidad, près de son
confluent avec le Chagres, à établir, dans la baie de
Limon, un port destiné à remplacer Porto-Belo, et enfin à
creuser un petit canal, de 1 kilomètre de longueur,
dirigé de cette baie à la partie inférieure du Chagres.

Ce projet, bien qu'assez restreint, ne reçut aucun commencement d'exécution.

En 1843, un ingénieur français, M. Garella, à la suite
d'études complètes, proposa d'ouvrir, de la baie de
Panama à celle de Limon, un canal à écluses, franchissant en tunnel la Cordillère, et pouvant donner passage
aux plus grands navires. Le projet de M. Garella est le
premier travail d'ingénieur relatif à la construction d'un
canal interocéanique et, à ce point de vue, il mérite
d'être particulièrement signalé.

Six années plus tard, le colonel américain George
Totten commençait la construction d'un chemin de fer,
partant de Panama pour aboutir à un établissement
maritime créé tout exprès sur la baie de Limon, dans
l'île de Manzanillo. Ce nouveau port, qui est connu sous
les noms de Colon et d'Aspinwall, fut terminé, ainsi que
le chemin de fer, en 1855. Les plus grands steamers

peuvent aborder les wharfs de Colon. Ce nouveau moyen
de communication constitue sur l'ancien une amélioration
notable; mais il a cependant l'inconvénient d'être assez
coûteux, d'exiger deux transbordements et d'être, par
suite, tout à fait impropre au transport des matières
encombrantes. Aussi, en présence des avantages incontestables que devait présenter la création d'un canal
permettant de transporter les produits, sans rompre
charge, la question du percement de l'isthme de Panama
continua à rester à l'ordre du jour et à faire l'objet d'un
assez grand nombre d'études.

En 1875, au Congrès des Sciences géographiques, tenu
à Paris, la question du canal interocéanique fut l'objet
d'une longue et sérieuse discussion; mais, après avoir
reconnu que les renseignements réunis sur le Darien
étaient insuffisants pour permettre de se prononcer, d'une
manière définitive, sur les divers tracés proposés, une
société civile se constitua pour faire les études com-
plémentaires et, en 1876, une expédition partit sous la
direction de deux officiers de la marine française,
MM. Wyse et Reclus.

Après deux années d'exploration, M. Wyse obtint du
gouvernement des États-Unis de Colombie le privilège
exclusif, pour sa société, de la construction et de l'exploitation d'un canal interocéanique sur le territoire de cette
république. Avec la collaboration de MM. Reclus et Sosa,
il établit le projet d'un canal à niveau, de Panama à Colon.

En raison du grand nombre des tracés étudiés dans les
parties très différentes de l'isthme et des intérêts qui se
rattachaient à chacun d'eux, la question du choix du
tracé à adopter n'était pas sans présenter de sérieuses
difficultés. M. F. de Lesseps pensa, avec raison, que le
meilleur moyen à employer, pour les résoudre, était
celui qui avait si bien réussi pour le canal de Suez, et il
prit l'initiative de la convocation d'un Congrès interna-
tional, sous les auspices de la Société de Géographie.

Réuni au mois de mai 1879, ce Congrès, après ·
· examen des avantages et des inconvénients que présentait chacun des projets proposés, eu égard à la salu·
brité du pays traversé, aux ressources locales, à la dépense
probable des travaux, etc., se prononça, à une grande
majorité, pour l'établissement d'un canal, à niveau, de
Panama à la baie de Limon, suivant les dispositions
générales du projet étudié par MM. Wyse, Reclus et Sosa

Après la clôture du Congrès de Paris, la Société civile
d'exploration, présidée par le général Türr, céda ses
droits à M. F. de Lesseps. Ce dernier réunit une commission internationale d'ingénieurs et se rendit avec elle
à Panama. Des agents expérimentés, envoyés à l'avance,
avaient exécuté une série de travaux de sondages et de
nivellement. L'examen des renseignements fournis par
ces travaux préparatoires permit aux commissaires d'arrêter, avec un degré [suffisant de certitude, une série
de dispositions qui forment les bases essentielles du
projet que M. de Lesseps a soumis à la sanction de l'Aca-·
démie des Sciences[1] et que nous allons faire connaître.

Tracé général du canal. — Le canal prend son origine,
sur la mer du Nord (Océan Atlantique ou mer des Antilles)
dans la baie de Limon, traverse le seuil de Loma del
Mono, se développe dans la vallée du Chagres, qu'il aban-
donne à Matachin pour celle de l'Obispo, franchit par une
tranchée la Cordillère au col de la Culebra et, suivant
la vallée d'un cours d'eau connu sous le nom de Rio
Grande, arrive dans la mer du Sud (Océan Pacifique),
près de Panama, en face de Perico. Sa direction générale
est celle du nord-nord-ouest au sud-sud-est.

La longueur totale développée, depuis la baie de Limon
jusqu'à Perico, est de 73 kilomètres.

1. Les renseignements historiques et les détails sur le tracé du
canal sont empruntés, pour la plus grande partie, au rapport que
M. de la Gournerie a présenté au nom de la Commission nommée
par l'Académie.

En dehors de la tranchée de la Culebra, la largeur au plafond sera de 22 mètres, comme au canal de Suez ; les berges seront réglées aux mêmes talus ; mais la profondeur a été portée de 8 mètres à 8^m,50, pour que les navires tirant 8 mètres puissent naviguer dans le canal.

Au passage de la Cordillère, sur une longueur de 25 kilomètres, les parois du rocher auront un talus de 1 mètre de base pour 4^m,25 de hauteur. La largeur au plafond a été fixée à 24 mètres et la profondeur à 9 mètres. Le canal devant être à une voie, comme celui de Suez, on a projeté six gares de croisement, de grandes dimensions.

Une des grandes difficultés de l'entreprise est l'établissement d'un canal maritime au fond d'une vallée parcourue par une rivière qui est sujette à des crues considérables et subites.

Pour surmonter cette difficulté, la Commission a décidé la construction d'un barrage assez élevé pour recueillir les eaux des plus grandes pluies et d'une rigole pour les conduire à la mer, avec un débit maximum de 200 mètres cubes par seconde. Cette rigole, qui est destinée à recevoir, en outre, les affluents de la rive droite du Chagres, doit aboutir à l'est de l'île de Manzanillo.

La Commission a, de plus, décidé qu'une seconde rigole serait ouverte le long du canal, du côté de l'ouest, pour recevoir le Rio Trinidad et les autres affluents de la rive gauche. Ce collecteur occupera, sur une assez grande longueur, le lit actuel du Chagres.

Le volume des terres nécessaires pour l'établissement du barrage est évalué à 18 ou 20 millions de mètres cubes.

On a calculé que le volume total des déblais exigés par le creusement du canal atteindrait 75 millions de mètres cubes, dont 35 millions dans le rocher.

Écluse de Panama. — D'après un certain nombre d'observations, l'amplitude totale des marées varie, dans la mer du Nord, de 0^m,20 à 0^m,50, et, dans celle du Sud, de 2^m,40 à 6^m,50. Les courants que produiraient, dans le canal, les dénivellations du Pacifique seraient trop grands pour qu'on pût les laisser s'établir librement, et le Congrès a admis qu'il y aurait lieu de construire une écluse à Panama. Les eaux du canal seront maintenues au niveau peu variable de la mer du Nord, qui correspond à la surface d'équilibre de la mer du Sud.

En raison du mouvement commercial considérable qu'on a supposé devoir se produire à la suite de l'ouverture du canal, la Commission technique a prévu l'établissement d'une écluse, à trois sas indépendants, dont chacun sera muni de quatre paires de portes, deux d'ebbe et deux de flot.

La Commission technique a évalué les dépenses nécessaires pour l'exécution des travaux à 843 millions de francs. Elle a estimé, d'un autre côté, qu'avec les puissants moyens dont on dispose aujourd'hui pour effectuer les déblais, les dragages, etc., cette exécution pourrait être terminée dans un délai de huit années. Dans ces conditions, le grand canal de Panama pourrait être ouvert à la navigation dans le courant de l'année 1890.

CHAPITRE III

DES RIVIÈRES

§ 1er

Distribution des eaux à la surface du globe. — Alimentation des rivières. — Travail de l'évaporation. — Lit d'une rivière. — Sa formation.{— Régime. — Atterrissements du Nil, du Pô et du Gange.
— Du mouvement de l'eau dans les rivières. — De la vitesse. —
Jaugeage des cours d'eau.

L'homme établit et creuse les canaux :· la nature a
établi et creusé le lit des rivières; elle l'a fait en suivant
des lois·dont elle ne se départ pas et conformément auxquelles elle maintient son ouvrage. Cet ordre admirable
que présente le mouvement des eaux, à la surface du
globe, a été réglé d'avance, en vertu des lois générales,
imposées dès l'origine à tous les phénomènes de l'univers,
et dont l'action se manifeste dans les plus grandes comme
dans les plus petites choses, dans l'entretien du simple
ruisseau comme dans celui du fleuve le plus impétueux.

D'où vient donc le ruisseau? quelle est la puisssance
qui, pendant la longue succession des siècles, fournit
constamment une eau nouvelle pour alimenter son cours
et la dirige jusqu'au fleuve chargé lui-même de porter à
l'Océan le tribut de toutes les eaux d'une vaste contrée?

L'immortelle loi de Newton, l'attraction universelle, à laquelle obéissent tous les corps célestes, régla aussi le mouvement des corps à la surface de la Terre. C'est en vertu de cette loi d'attraction, qui a reçu le nom de pesanteur, que les eaux libres à la surface du globe tendent à se rapprocher du centre de la Terre, et gagnent, d'un cours plus ou moins rapide, les points les plus bas, pour s'étendre en nappes horizontales dans les mers et dans les lacs. Si faible que soit l'inclinaison du sol, c'est elle qui règle le cours sinueux des eaux et non, comme on pourrait le croire tout d'abord, le hasard ou une volonté capricieuse. Plus cette inclinaison est prononcée, plus rapide est aussi le ruisseau.

Si l'action de la pesanteur existait seule, toutes les eaux, au bout d'un temps plus ou moins long, auraient gagné les parties basses, s'y accumuleraient en nappes horizontales, et tous les points de la surface situés à un niveau supérieur seraient fatalement condamnés à une éternelle sécheresse.

Mais à cette action vient s'ajouter celle d'une autre force physique, non moins universelle, la chaleur, qui, en élevant les eaux sous forme de vapeurs, les ramène aux points les plus élevés et produit ainsi, à la surface du sol, cette circulation infinie des eaux qui n'est pas une des moindres merveilles que présente l'étude de la nature.

La chaleur, agissant à la surface des mers, enlève incessamment une certaine quantité d'eau, qu'elle réduit en vapeur; bien que cette quantité soit éminemment variable, on conçoit quelle masse de vapeur doit être portée dans l'atmosphère entière, dont les trois quarts reposent sur des océans, sans compter les lacs et les rivières, qui occupent encore une partie notable des continents.

L'atmosphère est donc un immense réservoir de vapeur d'eau qui, sous l'influence du froid, se précipite et produit la pluie. Mais ce froid, quelle en est la cause et comment, par une chaude journée d'été, le ciel peut-il

tout à coup se charger de nuages et donner lieu à ces
déluges de pluies que l'on nomme des averses ?

L'air, comme tous les corps, se refroidit quand il se
dilate. Or, dans l'état naturel de l'atmosphère, toute
masse d'air, qui est mécaniquement portée dans des régions supérieures, est, par cela même, déchargée du
poids de l'air situé au-dessous. De là une augmentation de
volume, ou une dilatation, et, par suite, un abaissement
de température.

C'est ce que prouve, du reste, l'expérience imaginée
par Pascal et si souvent répétée depuis lui. Des vessies
incomplètement remplies d'air, au bas d'une montagne, se
trouvent pleines et tendues lorsqu'on les porte au sommet,
par suite de la dilatation de l'air intérieur, moins pressé
en haut qu'il ne l'était dans la plaine. Une masse d'air,
élevée à 400 mètres, se refroidit de près de 6 degrés; si
l'élévation est de plusieurs milliers de mètres, comme
le long des flancs d'une montagne, le refroidissement de
l'air est très prononcé et, s'il contient une grande quantité de vapeurs d'eau, l'humidité se précipite sous forme
de pluie ou de neige. C'est à cette cause qu'on doit attribuer ces amas d'eaux qui s'échappent des contrées montagneuses, sous forme de torrents et ces neiges qui en
couvrent les sommets plusieurs mois de l'année ou même
perpétuellement.

A l'aide de ces considérations, rien de plus facile que
d'expliquer le mode d'arrosement des divers continents,
et en particulier de la France. Par sa position géographique, les vents d'ouest y sont prédominants et ils
amènent sur sa surface l'air humide de l'Atlantique.
Les premières masses d'air, retardées par les inégalités
du sol, deviennent, pour les masses suivantes, un obstacle
qui les force à s'élever, comme si elles glissaient sur un
plan incliné, et le refroidissement, qui en est la conséquence, précipite la vapeur d'eau à l'état de pluie et donne
naissance aux fleuves, tels que la Seine, la Loire, la

Garonne, qui ramènent à l'Océan les eaux primitivement
contenues à l'état de vapeurs dans les couches atmosphériques qui reposaient sur ce même Océan.

A la rencontre de ces vents d'ouest et des Alpes, ces
effets d'élévation, de dilatation et de refroidissement des
couches d'air humide, se déployant sur une vaste échelle,
donnent immédiatement naissance à deux grands fleuves,
le Rhône et le Rhin.

Ce dernier exemple montre l'influence des montagnes,
et on peut dire, en général, que de la forme géographique
du terrain, combinée avec les vents dominants, découle
l'irrigation naturelle d'un pays ou son système hydraulique.

La présence des plantations semble, d'ailleurs, produire
un résultat analogue à celui des collines ou des montagnes.

« Autrefois, dit M. Babinet, il ne pleuvait jamais dans la
basse Égypte ; les vents constants du nord, qui y règnent
presque exclusivement, passaient sans obstacle sur cette
terre privée de végétation. Sur les toits d'Alexandrie on
pouvait conserver les grains, sans les recouvrir ou les
préserver de l'atmosphère ; mais, depuis que des plantations y ont été faites, l'obstacle présenté aux masses
d'air par ces aspérités du sol les soulève et produit un
refroidissement qui amène la pluie. »

Outre les causes générales que nous venons d'indiquer,
il en est d'autres qui, accidentellement, comme les influences électriques, par exemple, peuvent produire la
condensation de certains nuages et les faire tomber en
pluie ; mais ce que nous avons dit suffit pour faire comprendre comment, par l'action de la chaleur, la nature
opère le soulèvement des eaux de la mer, pour les distribuer à la surface des continents. La puissance motrice
qu'elle développe dans ce phénomène frappe l'imagination par son immensité.

Supposons que l'eau enlevée annuellement du globe

par voie d'évaporation soit égale, en chaque climat, à la quantité de pluie qui y tombe. Cette eau évaporée se dissémine dans l'atmosphère à toutes les hauteurs.

Pour opérer une sorte de compensation entre les extrêmes de ces mouvements ascensionnels, concevons par la pensée que l'eau évaporée s'est élevée tout entière à une certaine hauteur moyenne. L'évaporation annuelle se trouvera ainsi représentée, dans ses effets mécaniques, par une masse d'eau connue, élevée verticalement d'un nombre également connu de mètres. Le travail de cette nature qu'un homme peut faire dans une année a été déterminé : et la comparaison des deux résultats montre que l'évaporation représente le travail de quatre-vingts millions de millions d'hommes. Admettons maintenant que la population du globe soit de huit cents millions, et que la moitié seulement de ce nombre d'individus puisse travailler, la puissance motrice, développée dans la formation des nuages, sera égale à deux cent mille fois le travail dont l'espèce humaine tout entière est capable. Résultat bien digne d'abaisser notre orgueil, surtout lorsqu'on réfléchit que la nature opère, pour ainsi dire, en se jouant, sans efforts, sans résistance, et d'une manière aussi silencieuse qu'irrésistible.

« La surface du globe, à son origine ou immédiatement après sa consolidation, n'était pas entièrement unie ; il y avait des parties élevées et des parties basses ; elle présentait des ondulations de divers ordres, et dont les principales, pareilles à de fortes rides, ont donné lieu à nos grandes chaînes de montagnes.

« Les éléments atmosphériques, par leur action décomposante, les eaux pluviales, par leurs courants et par leur action érosive, attaquèrent bientôt cette surface de roc. Ils en réduisirent la surperficie en terre, ils la dégradèrent, la découpèrent et la sillonnèrent de vallées de différentes grandeurs, dirigées en général suivant la ligne de plus grande pente. Les débris des parties élevées

furent emportés et puis étendus sur les parties basses, où
ils formèrent les terrains de transport qui les recouvrent.

« Tout ce travail de la nature est antérieur à l'époque
du dernier grand cataclysme d'où est résulté l'état actuel de nos continents, et qui a réduit nos rivières et nos
fleuves à la quantité d'eau qu'ils mènent aujourd'hui.
Les eaux pluviales qui tombent maintenant sur la surface terrestre se réunissent et coulent dans les plis du
terrain, les gorges, les vallons et les vallées primitivement excavées.

« En passant sur le terrain de transition qui en occupe le fond, elles s'y sont ouvert et façonné un nouveau
lit. Dans les montagnes, contenues par de fortes berges,
elles ont été contraintes de suivre l'ancienne voie; elles
n'y ont opéré et n'y opèrent que de bien faibles changements. Si elles coulent immédiatement sur le roc, ce qui
est d'ailleurs fort rare, leur tendance à creuser ou à élargir leur lit n'a qu'un effet à peine sensible au bout de
quelques siècles. Presque toujours elles roulent sur des
blocs, sur les fragments et débris de rochers, tombés des
escarpements et des cimes qui bordent leur cours. Dans
les fortes crues, elles poussent et portent plus loin ces
matières, qui sont ensuite remplacées par d'autres. Elles
les meuvent d'autant plus facilement, et elles les portent
d'autant plus loin, que le sol a plus de pente, que ces
corps ont moins de pesanteur spécifique, et qu'ils sont
moins volumineux. Aussi, lorsqu'on descend une grande
vallée, on trouve d'abord, à peu de distance de son origine,
dans le lit du torrent ou de la rivière qui en occupe le
fond, des quartiers anguleux de rochers, puis, et successivement, des blocs arrondis de plus en plus petits, des
cailloux roulés, des graviers, et finalement des sables et
des terres.

« Dans les régions peu élevées, mais où une rivière
coule entre des collines, son lit est encore limité, et elle
ne peut guère l'étendre.

« Ce n'est donc que dans les plaines et les larges vallées, dont le sol est comme meuble, que les rivières, moins gênées dans leur cours et trouvant moins d'obstacles, établissent réellement un lit, dont les dimensions sont en rapport avec la nature de ce sol, comme avec le volume et la vitesse de leurs eaux. Si le terrain n'a pas une ténacité proportionnée à cette vitesse et à ce volume, il cédera à l'action de ces eaux ; elles approfondiront et, surtout, elles élargiront leur lit ; si, au contraire, la profondeur ou la largeur était trop grande, le fleuve réduirait ces dimensions, en déposant sur son fond ou sur un de ses bords les pierres et les terres qu'il charrie dans ses crues.

« Lorsqu'il s'est établi un rapport convenable, que le lit contient toute l'eau que mène la rivière dans ses grandes crues, sans en être attaqué, il y a stabilité, et le régime de la rivière est établi[1]. »

Dans toutes les rivières, le lit est généralement plus large que profond ; cela tient à ce que les berges résistent moins bien que le fond à l'action des eaux ; ces berges sont d'ailleurs soumises à l'action de la pesanteur, qui tend à produire l'éboulement des substances dont elles sont formées, tandis que cette même force, pressant les matières du lit sur celles qui sont au-dessous, accroît le frottement et rend leur déplacement plus difficile.

Lorsqu'une rivière coule dans une vaste plaine dont le sol est peu incliné, la pesanteur n'agit que faiblement sur la masse fluide pour la mouvoir ; cette masse a, dès lors, moins de force pour vaincre les obstacles qui s'opposent à la direction qu'elle tend à prendre, direction qui est, comme nous l'avons déjà dit, la ligne de plus grande pente du plan sur lequel se fait l'écoulement. Qu'il se présente dans cette direction un faible obstacle, un terrain un peu plus dur, par exemple, elle se jettera d'un côté

1. D'Aubuisson des Voisins, *Traité d'hydraulique.*

ou de l'autre ; son cours présentera des divagations, des détours continuels, qui auront pour résultat de diminuer la vitesse ; la masse fluide s'écoulant moins vite, sa largeur et sa hauteur augmenteront, et il pourra en résulter des inondations et des dommages qui ne se seraient pas produits, si la direction du lit se fût continuée en ligne droite.

Quelquefois, lorsque la nature et la disposition du terrain le permettent, on essaye de faire disparaître ces inconvénients, en redressant le lit de la rivière ; on construit alors un véritable canal entre deux points.

Mais dans tous les travaux à faire sur les cours d'eau, il faut bien prendre garde de ne pas produire un mal plus grand que celui auquel on voulait remédier. Ainsi les premiers auteurs de la Robine, canal qui va de l'Aude à la Méditerranée, par Narbonne, lui avaient fait faire, au-dessus et au-dessous de cette ville, de forts circuits ; ils voulaient, en ralentissant la vitesse du courant, augmenter sa profondeur, et favoriser la navigation ascendante ; à la fin du siècle dernier, pour ne pas avoir senti le but qu'ils s'étaient proposé, et attribuant les sinuosités à un simple hasard, on a entrepris de redresser le lit afin, disait-on, d'abréger la durée de la navigation, et lorsque les travaux ont été terminés, on s'est aperçu qu'on n'avait plus un tirant d'eau suffisant pour cette navigation ; il a fallu établir des écluses.

Les questions relatives à tout changement de lit exigent une parfaite connaissance des lieux et de la rivière dans ses divers états ; l'expérience et le génie de l'ingénieur peuvent seuls conduire à une solution satisfaisante.

Si l'eau d'une rivière, se mouvant sous l'action de la pesanteur, coulait entre des parois parfaitement fixes, les formules de l'hydraulique permettraient de prévoir les divers phénomènes du mouvement ; malheureusement, dans les cours d'eau naturels, les parois sont érosibles, et elles viennent constamment fournir aux courants des matériaux de volume variable, qu'ils entraînent ou déposent suivant leur force toujours changeante. De là une indétermination que la théorie serait impuissante à faire disparaître, si elle n'empruntait à l'observation quelques notions essentielles.

Une citation d'un savant mémoire de M. Dausse, ingénieur des ponts et chaussées, va nous fournir un exemple d'un de ces faits d'expérience.

« Vers l'extrémité d'une promenade de Grenoble, dite de la Porte-de-France, il existait sur la berge droite de l'Isère, un banc de gravier qui se reformait à chaque crue, quelque volume de ce gravier qu'on prît sans cesse pour l'entretien de la route voisine. Ce fait constant s'est répété très longtemps, jusqu'à une époque où la ville ayant élargi sa promenade au moyen d'un remblai, le banc de gravier s'est trouvé remplacé par de nouvelles allées; mais à mesure que s'avançait ce remblai, la rivière entamait et reculait sa berge gauche, juste autant qu'on avançait la berge opposée. »

Que conclure de cette observation? C'est que le régime de l'Isère est établi, en d'autres termes, qu'elle a donné à son lit la forme stable ou d'équilibre; qu'elle débite les graviers comme les eaux qui lui viennent d'amont, et ne dépose ces graviers que là où sa section normale a été accrue fortuitement : que quand on réduit cette section d'un côté, la rivière la complète de l'autre, allant toujours à partir du moment où son régime a été troublé, jusqu'à ce qu'elle parvienne à le reformer comme il lui reste possible de le faire.

Les fleuves et les rivières entraînent dans leur courant, sous forme de sables ou de limons, des débris arrachés aux portions de continents qu'ils arrosent. Dans les points où leur vitesse se ralentit, et mieux encore dans ceux où elle s'évanouit presque complètement par leur arrivée dans la mer, les boues et les graviers se déposent et forment des accumulations progressives ou des atterrissements dont il est facile de calculer à la fois l'étendue totale et la marche annuelle. C'est du reste sur des observations de cette nature que repose en partie la chronologie géologique des périodes modernes.

Parmi les fleuves où cet effet se produit avec une intensité vraiment remarquable, on peut citer le Nil en première ligne. Si l'on en croit Hérodote, les anciens savaient déjà que le sol de l'Égypte avait été entièrement formé par les atterrissements de ce fleuve célèbre. Ce mode de formation résulte d'ailleurs clairement des excavations faites dans la vallée jusqu'à une certaine profondeur. On rencontre partout des couches alternatives de sable ou de limon qui ont été déposées par les inondations périodiques.

Plus près de nous, un fleuve d'Italie nous fournit un exemple remarquable de ce même effet. La ville d'Adria, bâtie, depuis près de trois mille ans, sur les bords de la mer à laquelle elle a donné son nom, se trouve aujourd'hui reculée à six lieues dans l'intérieur des terres, par suite des atterrissements formés à l'embouchure du Pô. D'après cela, la marche des terrains transportés par ce fleuve serait d'environ deux lieues par mille ans. Or l'examen de toute la partie supérieure de la vallée, depuis la mer Adriatique jusqu'à Turin, montre que cette vallée était primitivement un golfe profond et que son sol actuel, sur un espace de plus de 80 lieues, est entièrement formé par les matériaux charriés par le fleuve.

On peut en conclure qu'il a fallu une période de quarante mille ans environ aux eaux du Pô pour combler cette immense cavité avec les sables, les cailloux et les argiles arrachés par elles aux pentes des Apennins et des Alpes.

Dans l'Inde, une plaine immense a été créée par les atterrissements successifs du Gange et du Brahmapoutra, ces deux fleuves jumeaux qui descendent du versant méridional des monts Himalaya.

La surface du territoire que les dépôts accumulés depuis plusieurs milliers de siècles sont parvenus à élever au-dessus du niveau de l'océan Indien, n'a pas moins de 70,000 kilomètres carrés. Quant à la profondeur des couches de ce terrain d'alluvion, elle dépasse en moyenne 150 mètres; c'est donc plus de 10,000 milliards de mètres cubes de substances qui ont été roulés par les flots.

Pour arriver à un résultat aussi prodigieux, pendant combien de siècles a dû s'exercer, sans la moindre interruption, cette action d'entraînement des eaux?

La population de l'Inde tout entière suffirait à peine à transporter l'énorme quantité de limon que le fleuve sacré charrie constamment dans la baie du Bengale.

La masse des matières en suspension arrachées par les eaux au squelette volcanique des monts Himalaya est tellement considérable, que la mer perd sa transparence jusqu'à 40 lieues en avant des côtes. C'est, dit-on, un signe auquel les marins reconnaissent qu'ils s'approchent du golfe du Bengale.

Dans une rivière, depuis la source la plus reculée jusqu'à l'embouchure, le volume d'eau est continuellement augmenté par les affluents qu'elle reçoit ou par les sources qui existent dans son lit. Cette dernière cause a généralement peu d'importance et on peut admettre que, d'un affluent à l'autre, le mouvement est permanent, c'est-à-dire que la quantité d'eau qui traverse une section transversale, en une seconde, reste constante. Dans ce cas, si les dimensions transversales de la rivière étaient les mêmes en tous les points, comme cela se présente pour les canaux, la vitesse de l'eau serait la même en tous ces points, mais il en est rarement ainsi, et les changements des dimensions transversales en largeur et en profondeur amènent des variations correspondantes de la vitesse. Il est facile de s'en rendre compte : le volume de liquide qui traverse une section en une seconde s'ob-

tient en multipliant par la vitesse la surface de cette
section, prise perpendiculairement à la direction du
courant; puisque, d'après notre hypothèse, ce volume
est le même en tous les points, il en résulte que plus
la section sera faible, plus la vitesse doit être considérable.

D'après cela, dans les endroits où la rivière est large
et profonde, l'eau est presque stagnante, tandis que, dans
les points où son lit est resserré et peu profond, elle est
animée d'une grande vitesse. Dans ce dernier cas, la résistance produite par le frottement contre les bords et le
fond du lit est plus intense, et comme cette résistance
doit être vaincue par la composante de la gravité, dirigée
parallèlement au mouvement, les molécules liquides
doivent se mouvoir suivant des lignes d'autant plus inclinées que la section transversale est plus faible. Ainsi,
partout où le lit de la rivière est large et profond, et où
par suite la vitesse est faible, la surface de l'eau est
presque horizontale, tandis que dans les endroits où le
courant est plus rapide, en raison des rétrécissements
des sections, cette même surface présente une inclinaison
beaucoup plus prononcée.

A l'époque des crues, la vitesse du courant dans une
rivière est bien plus grande que dans les circonstances
ordinaires. Cette augmentation de vitesse est une conséquence nécessaire des lois du mouvement. Pour nous en
rendre compte, supposons que, par suite d'une crue, la
surface d'une section transversale de la masse liquide
devienne double de ce qu'elle était auparavant, la quantité de liquide contenue entre deux sections voisines sera
également doublée, et la force qui tend à accélérer le
mouvement, c'est-à-dire la composante de la pesanteur,
deviendra deux fois plus considérable ; mais l'étendue des
parois du lit en contact avec ce liquide n'aura pas augmenté dans le même rapport, et la vitesse du courant
devra s'acroître de telle sorte que le frottement de l'eau

contre les parois devienne capable de faire équilibre à l'action accélératrice de la pesanteur.

La connaissance de la vitesse d'une rivière est indispensable dans une foule de circonstances; elle permet d'apprécier, dans une certaine mesure, l'action du courant sur son lit et surtout de connaître le volume d'eau mené, ou le débit. Cette vitesse peut se déterminer directement à l'aide d'appareils spéciaux, nommés hydromètres. Celui dont on se sert le plus généralement, parce qu'il permet d'obtenir la vitesse à une profondeur quelconque au-des-

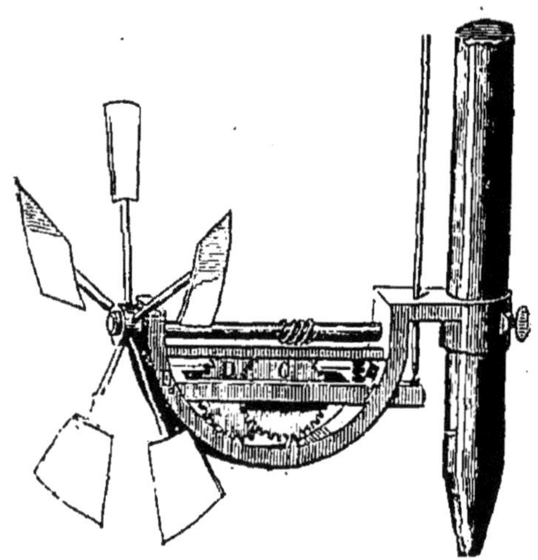

Moulinet de Woltmann.

sous de la surface, est le moulinet de Woltmann. Ce moulinet se compose essentiellement d'une petite roue, formée de plusieurs ailettes planes, qui sont fixées aux extrémités de bras implantés sur un arbre horizontal. Cet arbre porte un filet de vis qui peut engrener à volonté avec une première roue dentée dont le mouvement se communique à une seconde roue au moyen d'un pignon. Ces deux roues sont fixées sur une pièce mobile autour d'une de ses extrémités, l'autre pouvant s'élever ou s'abaisser en tirant un cordon. L'appareil tout entier peut glisser sur une longue tige de fer. Pour faire une expérience, on fait monter le moulinet sur la tige, à la hauteur à laquelle on veut le faire fonctionner au-dessus du fond de la rivière, on le fixe dans cette position au moyen d'une vis, et on introduit la tige dans l'eau, en la plaçant verticalement, de manière qu'elle touche le fond, et que l'arbre des ailettes soit dirigé dans le sens du mouvement de l'eau. Les filets liquides, rencontrant ces ailettes qui se présentent toutes obliquement à leur direction, déterminent un mouvement de rotation qui est d'autant plus rapide que la vitesse de l'eau est plus grande. Abstraction faite de la très petite résistance due au frottement de l'arbre sur ses supports, cette vitesse est proportionnelle à celle des ailes, et par suite au nombre de tours faits dans une seconde, qu'on peut déduire, par une simple division, du nombre total de tours marqué par l'instrument pendant un temps déterminé.

De nombreuses expériences, exécutées à l'aide de cet appareil, ont fait reconnaître que la vitesse de l'eau dans un courant diminue à mesure qu'on s'approche du fond ou des parois du lit, que par suite le filet de plus grande vitesse, ou le fil de l'eau se trouve à la surface, dans la partie qui correspond à la plus grande profondeur. Ce filet est quelquefois désigné sous le nom de thalweg, bien que ce nom allemand, qui signifie chemin de la vallée, s'applique plus exactement à l'intersection des deux pentes qui encaissent la vallée; le fil de l'eau est directement au-dessus de cette intersection; aussi le prend-on quelquefois pour ligne limite entre deux États que la rivière doit séparer. A partir de ce point de plus grande vitesse, le niveau baisse de part et d'autre jusqu'aux bords, de telle sorte que la section transversale se termine, à la surface, par une courbe convexe dont le sommet est le fil de l'eau.

A mesure que l'on descend au-dessous de la surface, la vitesse de l'eau diminue graduellement, d'une manière d'abord insensible, puis de plus en plus prononcée et qui varie assez rapidement aux approches du fond, où elle est cependant encore presque toujours plus que la moitié de la vitesse à la surface.

Il résulte de ce qui précède que, dans une même section transversale, la vitesse n'est pas la même aux différents points. La vitesse d'un cours d'eau, telle qu'on la définit ordinairement, n'existe donc pas en réalité; elle peut être considérée comme la moyenne des vitesses observées en un assez grand nombre de points d'une section. Comme, dans tous les calculs sur les cours d'eau, elle joue un rôle assez important, on a cherché à la déduire directement de la vitesse observée à la surface.

L'expérience a montré que ce mode de détermination présentait une exactitude suffisante.

Rien de plus simple d'ailleurs que de mesurer la vitesse à la surface. Sans recourir au moulinet de Woltmann, on peut employer un flotteur qui, placé sur l'eau, en prend la vitesse. Dans l'usage ordinaire, on peut utiliser comme flotteurs des corps dont la pesanteur spécifique est presque égale à celle de l'eau. De petits morceaux de bois, des pains à cacheter remplissent parfaitement ce but; il suffit de mesurer le nombre de secondes qu'ils emploient à parcourir une distance préalablement mesurée. Le rapport de cette dernière quantité à la première donne la vitesse cherchée.

L'estimation des vitesses moyennes a principalement pour objet le jaugeage des cours d'eau, c'est-à-dire la détermination de la quantité d'eau qu'ils mènent. La connaissance de cette quantité est d'un grand intérêt, lorsqu'il s'agit de décider quel volume des eaux d'une rivière peut être affecté à des canaux, à des irrigations, sans nuire à la navigation; elle n'est pas moins utile pour répartir, avec justice et convenance, un volume d'eau disponible entre plusieurs services ou usines.

Le moyen le plus simple de jauger une rivière consiste à multiplier la surface d'une section transversale par la vitesse moyenne de cette section.

La détermination de la surface s'obtient sans difficulté, au moyen de sondages qui font connaître la profondeur de l'eau en un certain nombre de points situés dans un plan perpendiculaire à la direction du courant.

Les vitesses et les dépenses des cours d'eau, à la surface du globe, varient entre des limites très éloignées, et il est à peu près impossible de les prendre pour bases d'une classification. Tout ce qu'on peut dire, c'est qu'un cours d'eau prend déjà place parmi les rivières, lorsque, dans son état ordinaire, il mène de 12 à 15 mètres cubes par seconde ; de 30 à 40, c'est une rivière navigable ; à 100 mètres et au-dessus, c'est un fleuve. La Seine, à Paris, a une vitesse moyenne de 60 centimètres seulement et mène environ 130 mètres cubes.

Du reste, la quantité d'eau que charrie une rivière éprouve de très grandes variations ; ainsi, à Lyon, on a vu cette quantité descendre, pour le Rhône, à 250 mètres cubes par seconde, tandis qu'à certaines époques elle s'est élevée à 6000 environ ; elle a donc varié dans le rapport de 1 à 24.

§ 2

Des rivières comme voies de navigation. — Bas-fonds et Baissiers. — Barrages artificiels. — Fixes. — Mobiles. — Barrages à poutrelles, à aiguilles, à hausses. — Barrages automobiles.

Considérées simplement au point de vue des transports, les rivières semblent fournir la solution la plus naturelle et la plus économique du problème.

Pour un bateau qui descend, la rivière est à la fois la route et le moteur, ou, suivant l'admirable expression de Pascal, « une route qui marche ». Mais pour le bateau qui remonte contre le courant, ce qui était dans l'autre cas une facilité devient un obstacle; non seulement le moteur disparaît et doit être remplacé par l'action d'un remorquage ou d'une machine spéciale, mais il faut de plus vaincre l'effort du courant descendant.

C'est là un premier inconvénient de la navigation sur les rivières; un autre, non moins grave, est dû aux inégalités de profondeur qu'elles présentent dans certaines parties de leur cours.

En général, le lit d'une rivière est loin d'offrir la même régularité que la surface; en certains endroits, le sol s'abaisse pour former des bas-fonds; en d'autres points, il se relève plus ou moins brusquement, pour donner naissance aux hauts-fonds ou baissiers.

Si ces baissiers ne se présentent nulle part sur toute la largeur de la rivière à la fois, ils n'ont d'autre effet que d'augmenter les sinuosités du chenal, partie plus profonde, où le courant est le plus fort. Comme le chenal est le chemin suivi par les bateaux, ces sinuosités augmentent la distance à parcourir et rendent plus difficile l'opération du halage.

Lorsque le chenal est trop sinueux, on essaye souvent de le redresser par des dragages dans les parties les plus défectueuses.

Mais il peut arriver et il arrive même fréquemment que les baissiers occupent toute la largeur de la rivière. Ils peuvent être alors un obstacle sérieux pour la navigation, même lorsqu'ils ne l'entravent pas complètement, car, dès le départ, le tirant d'eau des bateaux doit être réglé par la condition qu'ils puissent passer sur le baissier le plus élevé.

On ne peut guère espérer remédier à cet inconvénient par des dragages. L'existence d'un baissier est due à des causes locales sur lesquelles l'homme n'a le plus souvent qu'une bien faible action.

On peut faire disparaître un baissier en un point déterminé, mais on n'est jamais sûr qu'il ne reparaîtra pas à une faible distance et n'offrira pas des conditions peut-être plus défavorables encore que dans sa première position.

En résumé, deux causes tendent à atténuer les avantages que paraît présenter, au premier abord, la navigation sur les rivières.

La première est l'effort du courant qu'il faut vaincre à la remonte; quant à la seconde, les inégalités du lit, son effet fâcheux se produit également dans les deux sens.

Que, par un moyen quelconque, on fasse disparaître en partie ces deux obstacles, la navigation fluviale reprend tous ses avantages.

Résultat bizarre, et en apparence paradoxal, c'est à de véritables baissiers artificiels que l'ingénieur a demandé la solution de ce double problème.

Supposons que, dans le lit d'une rivière, on établisse en travers, sur toute la largeur, et jusqu'à une certaine hauteur, un ouvrage formant une saillie horizontale au-dessus de la surface. Si cette saillie est moindre que celle des rives, elle arrêtera les eaux; bientôt en aval, le lit sera complètement à sec, tandis qu'en amont, le niveau de l'eau montera constamment, jusqu'à ce qu'il ait atteint l'arête de l'obstacle. A ce moment, la profondeur de l'eau sera supérieure à celle qui existait auparavant, de toute la hauteur de cette arête au-dessus du niveau ordinaire des eaux. Le liquide, continuant à affluer, commencera à se déverser par-dessus l'obstacle. Mais le niveau de l'eau en ce point étant surélevé, sans que le niveau à la source ait changé, la pente de la rivière aura diminué; l'eau se déversera donc avec une faible vitesse, et comme tout d'abord l'épaisseur de la tranche liquide, au-dessus de l'obstacle, est faible aussi, le volume d'eau qui passe est inférieur à celui que fournit la source; l'épaisseur de la tranche qui se déverse augmentera donc constamment, jusqu'à ce qu'elle soit suffisante pour débiter, avec la faible vitesse qui existe en ce point, tout le volume d'eau qui constituait le débit de la rivière, dans son état ordinaire.

A partir de ce moment, la rivière reprendra, en aval de l'obstacle son cours naturel, avec même profondeur, même vitesse et même débit. En amont, il existera une surélévation du niveau de l'eau qui sera donnée par la hauteur de l'ouvrage au-dessus du niveau primitif, augmentée de l'épaisseur de la tranche liquide qui se déverse. Cette surélévation diminue à mesure qu'on s'éloigne de l'obstacle, et, sans pouvoir théoriquement devenir jamais nulle, à une certaine distance elle est si peu sensible, qu'on peut se dispenser d'en tenir compte.

La vitesse du courant présente les mêmes variations, mais en sens inverse; très faible près de l'obstacle, elle augmente constamment à mesure qu'on s'en éloigne, et finit par reprendre, en un point déterminé par les circonstances locales, la valeur qu'elle avait primitivement.

Ainsi donc, par l'établissement d'un simple barrage, il devient possible, sur une assez grande étendue, d'augmenter la profondeur d'eau et de réduire notablement la force du courant, c'est-à-dire de remédier à la fois aux deux inconvénients que nous avons signalés pour la navigation fluviale.

Si le barrage existait seul, il intercepterait toute communication entre les deux parties de la rivière qu'il sépare; mais rien n'est plus simple que de la rétablir à volonté; il suffit pour cela de construire en même temps un sas éclusé.

Le passage des bateaux, d'un côté à l'autre de la rivière, s'effectue dès lors, sans la moindre difficulté, par une manœuvre entièrement analogue à celle que nous avons décrite pour les canaux.

La hauteur à laquelle on peut élever un barrage est limitée par cette condition que la nappe d'eau surélevée ne puisse, dans aucun cas, venir inonder les campagnes environnantes. Il faut évidemment, pour cela, que le profil de chacune des deux rives soit, en tous les points, plus élevé que la courbe du fil de l'eau, dans les plus grandes crues. Toutefois, lorsque le profil d'une rive ne se trouve trop bas que sur une faible longueur, il peut y avoir avantage à ne pas diminuer la hauteur primitivement admise pour le barrage, en protégeant par une digue cette partie de la rive.

L'amélioration de la navigation d'une rivière par des barrages exige des études très approfondies. Comme l'action d'un barrage n'est réellement efficace que sur une certaine étendue, il devient nécessaire d'en établir un assez grand nombre, lorsque la longueur de la portion de rivière à améliorer est considérable. Le nombre de ces ouvrages et la hauteur qu'il convient de donner à chacun d'eux se déterminent par des considérations multiples. La surélévation de l'eau produite, entre deux barrages, doit être suffisante pour assurer le service de la navigation, et, de plus, comme nous l'avons déjà dit, les rives doivent être à l'abri des inondations, même dans les grandes crues.

Autrefois, tous les barrages établis sur les rivières étaient complètement fixes; suivant les cas, on les construisait en bois, en pierre ou même en terre; mais cette fixité entraînait des inconvénients de plusieurs sortes.

Il arrive souvent que la batellerie n'effectue des transports qu'à la descente, que la remonte ne correspond qu'à des bateaux vides, ou même qu'elle n'existe pas, comme, par exemple, pour les trains de bois et pour certains bateaux qu'on démolit au point d'arrivée; il peut se

faire aussi que le courant de la rivière soit très faible et
n'oppose, par suite, que peu de résistance à la remonte.
Dans ces deux cas, le manque de profondeur d'eau, seul,
est un inconvénient sérieux, et, encore, ne se produit-il,
le plus souvent, qu'à certaines époques, en été, lorsque
les eaux sont basses. Avec des barrages fixes, les bateaux
doivent forcément passer par les écluses; de là des pertes
de temps et des sujétions coûteuses; de plus, la vitesse
du courant étant notablement réduite, leur marche est
retardée et un remorquage est souvent nécessaire. S'il
était possible de faire disparaître les barrages en hiver,
quand les eaux sont hautes, et de les replacer en temps
de basses eaux, on s'affranchirait de ces divers inconvénients, qui sont une compensation fâcheuse des avantages
que nous avons signalés.

Après de nombreuses recherches, on est arrivé à une
solution du problème, aussi simple qu'élégante, par
l'emploi des barrages mobiles. Leur propriété caractéristique est de pouvoir, à un moment donné, disparaître entièrement, pour laisser à la rivière tout son débouché.

A l'époque des basses eaux, ils fonctionnent comme
les barrages fixes, et la navigation s'effectue au moyen
des écluses. Mais, lorsque, à la suite des pluies, les eaux
viennent à monter assez haut pour qu'on soit assuré
d'avoir partout une profondeur suffisante, on ouvre les
barrages, la rivière reprend son régime naturel, et les
bateaux se trouvent dès lors affranchis de l'obligation de
passer par les écluses.

A l'époque des grandes crues, lorsque les inondations sont à redouter, il est également très important
de pouvoir supprimer l'action des barrages et de donner
à la rivière toute la section dont on peut disposer pour
l'écoulement des eaux. C'est, du reste, le seul moyen de
mettre les barrages eux-mêmes à l'abri des chances de
destruction ou d'avaries graves, qui sont toujours à re-

douter avec d'énormes masses d'eaux animées, le plus souvent, d'une vitesse considérable.

Sur certaines rivières, où la majeure partie des transports se fait par la navigation descendante, il est avantageux de pouvoir, à certains moments, augmenter, d'une manière notable, la force du courant, en donnant à l'eau une assez grande profondeur.

On arrive à ce résultat en établissant ce qu'on appelle le régime des éclusées, au moyen d'un ou de plusieurs barrages mobiles.

Supposons, pour fixer les idées, que la longueur à parcourir par les bateaux soit assez faible pour qu'un seul barrage soit suffisant.

A l'époque des basses eaux, on décide par avance, d'après les besoins de la navigation et le débit de la rivière, que, certains jours et à certaines heures, ce barrage sera ouvert. Cette ouverture, que l'on cherche à rendre aussi rapide que possible, a pour effet de donner une vitesse assez considérable à toute la masse liquide accumulée derrière l'obstacle et d'augmenter le niveau des eaux en aval. Tous les bateaux descendants profitent de cette augmentation de vitesse et de profondeur pour effectuer une partie de leur parcours. Le barrage est refermé, lorsque la totalité de l'eau retenue s'est écoulée, et on ne l'ouvre que pour l'éclusée suivante.

Si la surface de la rivière, que l'on veut transformer momentanément en bassin de retenue, est insuffisante, on est conduit à établir un bassin de retenue spécial. Lorsque le barrage, placé sur la rivière, est fermé, les eaux s'accumulent à la fois dans ce bassin et dans la rivière et s'ajoutent, lorsqu'on ouvre le barrage, pour donner à l'éclusée le volume qui lui est nécessaire.

L'influence d'une éclusée ne s'étend pas indéfiniment sur tout le parcours de la rivière; la longueur sur laquelle elle se fait sentir dépend évidemment des circonstances locales; mais ces variations sont généralement renfermées entre 20 et 40 kilomètres. Si donc on veut appliquer le régime des éclusées sur une longueur beaucoup plus grande, il faut recourir à l'emploi d'une série de barrages. Le nombre de ces ouvrages, nécessaire pour régulariser le régime des éclusées, est, du reste, de beaucoup inférieur à celui qu'exige une navigation permanente

Des considérations précédentes il résulte que les barrages mobiles présentent sur les barrages fixes des avantages incontestables. Aussi, depuis quelques années, la recherche des dispositions les plus propres à assurer cette mobilité a-t-elle vivement préoccupé les ingénieurs chargés d'améliorer la navigation fluviale. Parmi les nombreuses solutions proposées, nous allons décrire rapidement les plus importantes, en commençant par la plus ancienne.

Supposons qu'entre deux piles en maçonnerie, établies dans le lit d'une rivière, on superpose jusqu'à une certaine hauteur une série de poutres en bois, dont l'ensemble formera une espèce de mur vertical. Si, de plus, on a eu soin de ménager, sur chaque pile, une saillie contre laquelle l'eau, en s'élevant, puisse venir presser les poutres, on aura constitué un véritable barrage.

Pour le rendre mobile, il suffit d'imaginer une disposition permettant, à un moment donné, de faire disparaître une des saillies. Celle qui a été définitivement adoptée consiste à creuser, dans l'une des piles, une rainure verticale, demi-circulaire, dans laquelle peut se loger une pièce en bois dont la section présente précisément la même forme.

Si l'on vient à faire tourner cette pièce sur elle-même d'un quart de révolution, une moitié sortira de la rainure et formera une saillie qui recevra les extrémités des poutres constituant le barrage ; en fixant la pièce verticale dans cette position, par un moyen quelconque, elle pourra facilement résister aux efforts transmis par

ces poutres, lorsque l'eau, surélevée en avant du barrage, tendra à les appuyer contre la saillie. Si l'on enlève
les moyens de fixation et si l'on fait tourner la pièce en
sens inverse, elle rentrera entièrement dans la rainure,
la saillie disparaîtra, les poutres poussées par l'eau
s'échapperont et le pertuis sera complètement ouvert.
Afin d'éviter que ces poutres ne descendent trop loin
avec le courant, on les réunit ordinairement par une
longue corde, dont l'une des extrémités est fixée sur la
rive.

Le barrage à poutrelles, que nous venons de décrire,
est d'une construction simple, mais, pour les rivières
d'une assez grande largeur, il offre l'inconvénient d'exiger la construction de plusieurs piles intermédiaires.
La distance entre deux piles voisines doit être en effet
limitée, car les dimensions à donner à la section transversale des poutres augmentent rapidement avec cette
distance; elles varient également dans le même sens
avec la hauteur dont l'eau doit être surélevée.

Du reste, l'emploi des piles intermédiaires n'est pas
particulier au système de barrage à poutrelles. On le
retrouve aussi dans le barrage établi sur la Seine, à
Paris, près du pont Neuf. Les ingénieuses dispositions
de cet ouvrage nous engagent à en dire quelques mots.
Entre deux piles consécutives, le fond présente la forme
d'une portion de cylindre couchée horizontalement. Sur
ce fond peut glisser un tablier en tôle de même forme.
Le bord supérieur de ce tablier peut être plus ou moins
élevé et former ainsi un barrage de hauteur variable.
Lorsqu'il coïncide avec l'arrête du fond, cette hauteur
est nulle et le barrage n'a plus d'action. Aux deux extrémités, le tablier est relié, par des tiges de fer, à des
axes cachés dans les piles et situés dans le prolongement
de l'axe de la surface cylindrique, à laquelle le fond ap-
partient. Le tablier s'élève donc en tournant autour de
cet axe. Son mouvement est d'ailleurs produit par une

série d'engrenages, qui diminuent dans une très forte proportion l'effort à exercer.

Mais l'établissement de piles intermédiaires en maçonnerie, dans le lit d'une rivière, présente souvent d'assez graves difficultés, et on est parvenu à les éviter, par l'emploi de plusieurs dispositions très remarquables, dont nous allons essayer de faire comprendre le principe.

Imaginons une tige en fer, parfaitement rigide, allant d'une rive à l'autre, et directement au-dessous, dans le lit de la rivière, une saillie régnant sur toute la largeur. Si l'on place verticalement une série de planches ou poutrelles, de telle sorte que le courant appuie leurs extrémités à la fois contre la tige et la saillie ; si, de plus, ces poutrelles ne laissent entre elles aucun vide, elles formeront, comme les barrages fixes, un véritable obstacle à l'écoulement. Pour le faire disparaître, à un moment donné, il suffirait que la tige en fer pût tourner autour d'un de ses points d'attache, tandis que l'autre serait supprimé ; car ce mouvement de rotation se produirait nécessairement sous l'action de la pression de l'eau, jusqu'à ce que les poutrelles pussent se dégager et tomber dans la rivière.

Pratiquement, cette solution serait irréalisable, car les dimensions que devrait avoir la tige en fer, pour présenter une résistance suffisante, rendraient sa manœuvre complètement impossible. Ainsi, pour un barrage d'une longueur de 75 mètres et d'une hauteur de 4 mètres seulement, la pression exercée par l'eau atteindrait le chiffre énorme de 600 000 kilogrammes, dont le tiers environ se transmettrait à la tige supérieure. Pour résister à cette pression, uniformément répartie sur sa longueur, cette tige, supposée circulaire, devrait avoir un rayon de 70 centimètres, et son poids total dépasserait 800 000 kilogrammes.

Dans le barrage à aiguilles, qui repose sur le même

principe, la difficulté a été éludée au moyen d'un artifice aussi simple qu'ingénieux.

La tige de suspension a été fractionnée en un grand nombre de parties maintenues par des supports métalliques.

Près de la saillie régnant au fond de l'eau, on établit une série de chevalets ou fermettes en fer, d'une hauteur telle que leurs extrémités supérieures dépassent le niveau de l'eau. Ces chevalets, espèces de cadres très résistants, bien que constitués par des tiges de fer de faible dimen-

Barrages à aiguilles.

sion, sont dirigés dans le sens du courant : chacun d'eux peut tourner facilement autour d'un axe horizontal situé à sa partie inférieure. Les côtés supérieurs des chevalets sont horizontaux et peuvent recevoir des planches destinées à former une passerelle de service.

Lorsqu'on veut fermer le barrage, on relève successivement tous les cadres, en les reliant, à leur partie supérieure, par des barres de fer, dont les deux dernières se fixent aux culées du barrage ; puis on commence à poser les aiguilles verticales. Le pied de chaque aiguille s'appuie contre la saillie inférieure, et la tête sur la barre en fer qui réunit deux chevalets. La pose des aiguilles terminée, le barrage est établi et fonctionne comme nous l'avons indiqué précédemment.

Son ouverture ne présente aucune difficulté. Pour ouvrir une travée, c'est-à-dire la partie comprise entre deux chevalets, il suffit de faire tourner la barre de fer qui les réunit; les aiguilles s'échappent et tombent dans la rivière; la même opération se répète pour les travées suivantes; quant aux chevalets eux-mêmes, n'étant plus soutenus,

Barrage à hausse à Melun.

ils tournent et viennent se coucher sur le fond de la rivière; il n'existe plus dès lors aucun obstacle à l'écoulement des eaux.

Toutes les aiguilles sont reliées par leurs têtes, afin qu'on puisse les reprendre facilement après l'ouverture du barrage.

A la partie supérieure de chaque fermette est fixée une chaîne dont l'extrémité est portée par la fermette voisine, de sorte qu'une fois la première travée formée, rien n'est plus facile que de relever la fermette suivante et de la fixer, pour constituer une nouvelle travée.

Comme autre exemple de barrages mobiles, citons encore celui qui a été établi à Melun, pour améliorer la navigation de la Seine.

Dans ce système, le barrage est formé par une série de hausses en tôle, qui peuvent tourner autour de charnières horizontales, placées au milieu de leur longueur, perpendiculairement à la direction du courant. Les axes de ces charnières sont reliés à des cadres en fer d'une hauteur égale à la moitié de celle des hausses, et qui sont eux-mêmes mobiles autour d'axes fixés sur le fond de la rivière. A la partie supérieure de chaque cadre est articulée une tige en fer, véritable arc-boutant qui est destiné à caler la hausse correspondante, au moyen d'un obstacle fixe, ménagé sur le sol.

Pour établir le barrage, il suffit de relever successivement toutes les hausses, au moyen d'un bateau, solidement amarré et muni d'un treuil. Sur le tambour de ce treuil, on fait passer une chaîne fixée au pied de chaque hausse, et on l'enroule jusqu'à ce que le cadre en fer soit amené à être vertical, et que la tige qu'il porte soit retombée contre l'obstacle qui doit la maintenir. A ce moment, le cadre et la tige qui forment le chevalet de la hausse sont fixés, et il suffit d'appuyer légèrement sur l'extrémité de cette hausse pour qu'elle s'incline et que le courant vienne l'appuyer par sa partie inférieure contre le chevalet. Lorsque toutes les hausses ont été successivement relevées de la même manière, le barrage est établi.

Quant à l'ouverture, elle se fait presque instantanément. Au niveau des pieds des arcs-boutants, règne une large barre de fer, qu'on manœuvre de la rive au moyen d'engrenages et qui, en certains points, porte des parties saillantes. En donnant à cette barre un déplacement de quelques centimètres, chaque partie saillante, rencontrant le pied d'un arc-boutant, lui fait échapper l'obstacle; cet arc-boutant, glissant par son pied, s'étend sur le fond de la rivière, entraînant avec lui le cadre en fer et la hausse.

Une passe de 80 mètres de largeur n'exige pas plus d'une heure et demie pour le redressement de toutes les hausses, c'est-à-dire pour la fermeture complète du barrage. Quant à l'ouverture, elle se fait en moins de deux minutes.

Deux minutes à peine pour faire disparaître l'obstacle qui retenait toutes les eaux d'une rivière et lui rendre son débouché, n'est-ce point un résultat assez merveilleux pour qu'il semble impossible d'aller au delà? Sans doute, à ce point de vue, le système est irréprochable. Mais sa manœuvre exige un homme et, dans certaines circonstances, une crue subite, par exemple, en temps d'inondation, l'absence de cet homme ou, son imprévoyance peuvent amener des désastres qu'aurait évités l'ouverture du barrage, si elle s'était produite à un moment convenable.

Quoi de plus naturel, dès lors, que de charger le courant lui-même, parvenu à un certain niveau, de produire cette ouverture? De là l'idée des barrages automobiles. Deux exemples suffiront pour faire comprendre leur mode de fonctionnement. Dans le barrage à hausses mobiles, le déplacement d'une barre à talons produit l'ouverture. Rien n'empêche de faire mouvoir cette barre par une petite roue hydraulique, qui ne commencera à se mettre en marche que lorsque le niveau de l'eau atteindra la limite fixée, et il suffit pour cela d'établir à ce même niveau un déversoir amenant l'eau à la roue.

Le même système de barrage à hausses peut encore être rendu automobile d'une autre manière. Si la charnière de chaque hausse n'est plus précisément en son milieu, on pourra toujours placer, à sa partie inférieure, un contrepoids, calculé de manière à ce qu'il s'oppose au mouvement qui tendrait à mettre la hausse horizontale, tant que le niveau n'atteint pas une certaine hauteur, mais qu'il soit impuissant à l'empêcher, lorsque ce niveau sera légèrement dépassé. Les hausses prendront toutes alors la position horizontale, et le débouché de la rivière sera presque complet, puisque les cadres en fer offriront seuls un faible obstacle à l'écoulement.

Grâce aux perfectionnements successifs dont nous avons essayé de donner une idée générale, les barrages mobiles sont parvenus à réaliser, de la manière la plus complète, la solution du problème de la navigation fluviale.

A l'aide de ces magnifiques ouvrages, l'ingénieur peut désormais modifier à volonté le régime d'une rivière. Si la force du courant est trop grande, il la réduit, si la profondeur de l'eau en certains points est insuffisante, il l'augmente. Et pour produire de pareils effets, il lui suffit de mettre en œuvre les forces les plus minimes. Le travail de deux hommes, pendant quelques heures, édifie l'obstacle que le courant le plus énergique est impuissant à renverser, et cet obstacle, un seul homme, en quelques secondes, le fait disparaître. Quelquefois le courant lui-même est chargé de s'ouvrir un chemin, mais alors son mode d'action est réglé d'avance, et il ne fait qu'exécuter les ordres de celui qui l'a vaincu.

N'est-ce point là l'exemple le plus frappant de l'immense supériorité de la force intelligente sur la force aveugle de la matière?

§ 5

Phénomène des rivières à marée. — Mascaret. — Bore. — Pororoca. Mascaret de la Seine. — Son explication.

Certaines rivières présentent, près de leur embouchure, un phénomène non moins curieux que redoutable, dû à l'action des marées. A l'instant du flux, la mer, au lieu de monter comme sur les côtes-maritimes, par lames successives, se précipite en une immense cataracte, formant une vague roulante, qui remonte la rivière avec

une vitesse effrayante et élève subitement le niveau des eaux.

En France, cet effet remarquable des marées a été observé depuis longtemps sur la Dordogne, et décrit,

sous le nom de Mascaret, par l'illustre Bernard Palissy ;
il se produit également sur la partie de la Seine comprise
entre Quillebœuf et Caudebec. C'est encore le même
phénomène qu'on retrouve, sous le nom de Bore, dans
les rivières du nord de l'Écosse, en Angleterre, dans la
Saverne et l'Humber ; aux grandes Indes, dans quelques-
unes des branches du Gange, le fleuve sacré des Hindous.

A l'embouchure de l'Amazone, ce géant des eaux de
l'Amérique du Sud, le mascaret est connu sous le nom
de Pororoca, et il se produit avec un grandiose bien autrement terrible que tout ce que présentent dans ce genre
nos fleuves d'Europe : « Pendant les trois jours les plus
voisins des pleines et nouvelles lunes, temps des plus
hautes marées, dit M. de la Condamine, la mer, au lieu
d'employer six heures à monter, parvient en une ou deux
minutes à sa plus grande hauteur. On juge bien que cela
ne peut se passer tranquillement. On entend, d'une ou
deux lieues de distance, un bruit effrayant qui annonce
le pororoca ; à mesure que ce terrible flot approche, le
bruit augmente, et bientôt on voit un promontoire d'eau
de 12 à 15 pieds de hauteur ; puis un autre, puis un troisième et quelquefois un quatrième qui se suivent de très
près, et qui occupent presque toute la largeur du canal ;
cette lame avance avec une rapidité prodigieuse, brise et
écrase en courant tout ce qui lui résiste. On voit, en
quelques endroits, de grands terrains emportés par le pororoca, de très gros arbres déracinés, des ravages de
toute espèce. »

Pendant longtemps, tous les efforts de la science ont
été impuissants à expliquer ce mouvement extraordinaire
des eaux, dont le développement subit l'influence des
localités, des vents, et surtout de l'état variable du fond
du lit de la rivière dans laquelle il se produit. Ce n'est
qu'après de longues et patientes recherches qu'un de
nos savants les plus populaires, M. Babinet (de l'Institut).

est parvenu à découvrir la véritable cause du phénomène, et nous ne saurions mieux faire que de lui emprunter l'explication du mascaret, observé si souvent par lui dans les parages de Quillebœuf :

Tandis qu'en général, et même à l'extrême embouchure de la Seine, au Havre, à Honfleur, à Berville, la mer, à l'instant du flux, monte par degrés insensibles et s'élève graduellement, on voit, au contraire, dans la portion du lit du fleuve au-dessous et au-dessus de Quillebœuf, le premier flot se précipiter en immense cataracte, formant une vague roulante, haute comme les constructions du rivage, occupant le fleuve dans toute sa largeur, de 10 à 12 kilomètres, renversant tout sur son passage et remplissant instantanément le vaste bassin de la Seine. Rien de plus majestueux que cette formidable vague, si rapidement mobile. Dès qu'elle s'est brisée contre les quais de Quillebœuf, qu'elle inonde de ses rejaillissements, elle s'engage en remontant dans le lit plus étroit du fleuve, qui court alors vers sa source avec la rapidité d'un cheval au galop.

« Les navires échoués, incapables de résister à l'assaut d'une vague si furieuse, sont ce qu'on appelle en perdition. Les prairies des bords, rongées et délayées par le courant, se mettent, suivant une autre expression locale, en fonte, et disparaissent. Successivement le lit du fleuve se déplace de plusieurs kilomètres, de l'une à l'autre des falaises qui le dominent : enfin, les bancs de sable et de vase du fond sont agités et mobilisés comme les vagues de la surface. Rien de plus étonnant que ces redoutables barres de flots, observées sous les rayons du jour le plus pur, au milieu du calme le plus complet, et dans l'absence de tout indice de vent, de tempête ou d'orage de foudre. Les bruits les plus assourdissants annoncent et accompagnent ces grandes crises de la nature, préparées par une cause éminemment silencieuse : l'attraction universelle. Homère, le grand peintre de la nature, semble-

rait avoir été témoin de pareils phénomènes, lorsqu'il en
écrivait la fidèle description que voici :

« Telle, aux embouchures d'un fleuve qui coule guidé
« par Jupiter, la vague immense mugit contre le courant,
« tandis que les rives escarpées retentissent au loin du
« fracas de la mer que le fleuve repousse hors de son lit. »

« Ces mouvements vraiment extraordinaires n'ont rien
de fixe ni pour les points du fleuve où ils sont le plus
violents, ni pour la hauteur de la cataracte qui se précipite vers sa source. Un vent de mer modéré aide la formation de la barre ; un vent violent étale les eaux et en
diminue la hauteur. Dans les eaux profondes, la barre
est faible ; elle l'est de même sur les bancs trop peu
recouverts. Souvent, d'une marée à l'autre, il s'opère un
changement complet dans le régime de ces courants si bizarres et si destructeurs.

« Il y a trente ans environ que les curieux effets de la
barre de la Seine me furent indiqués par M. Robin, actuellement inspecteur divisionnaire des ponts et chaussées. Cet excellent observateur, chargé alors des travaux
de Quillebœuf, avait fait le nivellement de la partie voisine du fleuve et noté les curieux effets de la barre de
flot. Il me rendit une première fois témoin de ces mouvements de l'Océan, si grandioses et alors tout à fait
inexpliqués. Depuis cette époque, et pendant un quart de
siècle, au jour des grandes marées, annoncées par les
calculs du Bureau des Longitudes, et inscrites dans l'Annuaire, je courais observer les singuliers et imposants
déplacements de ces immenses masses liquides. J'en sui-
vais les effets sur tous les points de la Seine, autour de
Quillebœuf et jusqu'à Rouen. Je les ai contemplés des
prairies et des grèves menacées par le flot, du haut des falaises d'Aizier, de la Roque et de Tancarville. J'ai observé
la barre par le calme, par le vent, par la tempête, par le
soleil, par la pluie, par le brouillard, par le chaud, par
le froid, dans le jour, dans la nuit.

« J'espérais qu'une observation assidue des particularités du phénomène, combinée avec les notions de mécanique qui sont maintenant la propriété de tous, m'en fournirait tôt ou tard l'explication.

« C'est ce qui a eu lieu lorsque sont venues à ma connaissance les belles recherches de M. Russel sur la vitesse des eaux dans les canaux d'une profondeur donnée. Or il résulte de ces recherches que cette vitesse est beaucoup moindre dans une eau moins profonde, et, au contraire, que la vague marche et se propage très-rapidement dans une eau très profonde. On peut donc, à peu près, sonder la profondeur d'un lac ou d'un canal, en y excitant des vagues et en mesurant leur vitesse. C'est ainsi que la profondeur de la Manche, entre Plymouth et Boulogne, a été évaluée à 60 mètres.

« C'est encore ainsi que la prodigieuse rapidité des ondes de la marée dans les mers profondes (par heure 600 kilomètres et au-dessus !) a permis de sonder l'Atlantique et le Pacifique, et nous a donné, en moyenne, 4800 mètres de profondeur pour l'Atlantique, et 6400 mètres pour l'océan Pacifique. Il serait injuste de ne pas rappeler que Lagrange, de l'Institut, avait déjà trouvé, par le calcul, les résultats que M. Russel a déduits de l'expérience, et que Thomas Young, placé, par l'Académie des Sciences, au rang illustre de ses associés étrangers, avait modifié en plusieurs points le théorème de Lagrange. Permettez-moi cependant d'insister sur le mérite de la confirmation expérimentale donnée par M. Russel aux calculs analytiques. Les phénomènes de la nature sont si compliqués, que les théories ne sont, pour ainsi dire, que des présomptions, jusqu'au moment où leur vérification par les faits leur donne le rang de vérités annexées, à perpétuité, à l'apanage de l'esprit humain. Souvenez-vous de ce mot du spirituel Fontenelle : « Quand une chose peut être de deux façons, elle est presque toujours de la façon dont on ne la conçoit pas généralement! »

« Maintenant que, grâce aux travaux de Lagrange et de M. Russel, nous savons que la marche des vagues est retardée dans une eau moins profonde, nous comprendrons sans peine la cause de. la cataracte du flux, quand la marée aborde certaines portions du bassin de la Seine.

« En effet, dans toutes les localités où l'eau deviendra de moins en moins profonde, les premières vagues, retardées par le manque de profondeur, seront devancées par les suivantes, qui marchent dans une eau. plus profonde, et celles-ci seront elles-mêmes rejointes par celles qui les suivent, de manière que, les vagues antérieures étant dépassées en vitesse par toutes celles qui les suivent, ces dernières retomberont en cascade, par-dessus les vagues antérieures, et produiront cette immense cataracte roulante dont j'ai décrit plus haut la forme et les effets.

« Pour peindre, par un exemple familier à tout le monde, cet entassement des vagues de marée, produit par le ralentissement de vitesse de celles qui marchent en tête, ralentissement qui provient, je le répète, de ce que ces premières lames voyagent dans une eau moins profonde, observez ce qui arrive à un troupeau dont la tête est retardée dans sa marche par un obstacle quelconque : à l'instant même on voit les animaux du second rang se serrer contre les premiers, et ceux qui viennent ensuite se dresser sur leurs pieds de derrière, en appuyant les pieds de devant sur ceux qui les précèdent.

« Ainsi, toutes les fois que les vagues de la marée montante se propageront dans une eau de moins en moins profonde, en allant du large au rivage, il se produira un effet analogue à la barre de la Seine, qu'il y ait un fleuve ou simplement le rivage de la mer avec une pente graduée. C'est une circonstance et un effet dont j'ai été témoin aux alentours du mont Saint-Michel, que l'on aborde à gué dans certaines basses mers moyennes. Mais, quand le reflux cesse, la mer revient en vague roulante, et fait courir les plus grands dangers à ceux qui se trouvent encore au milieu du gué.

« Il résulte de cette théorie que si, d'après la position des bancs qui occupent le fond de la Seine, l'eau, après avoir diminué et produit une barre, vient à reprendre de la profondeur, les vagues antérieures ne seront plus retardées, et, par suite, que la barre cessera de se produire. C'est ce que j'ai fréquemment observé du haut des falaises qui dominent la Seine dans la portion de son cours qui sépare le promontoire de la Roque dé la pointe de Tancarville. »

Grâce à cette explication aussi simple que rigoureuse, il est facile de comprendre pourquoi le phénomène du mascaret ne se présente que pour un certain nombre de rivières; la condition essentielle de sa production, c'est la diminution graduelle de profondeur du bassin, et elle ne doit évidemment se réaliser que dans quelques cas très particuliers.

Les terribles effets du mascaret n'avaient pas échappé aux anciens, et, pour s'en convaincre, il suffit d'ouvrir Quinte Curce, et de suivre avec lui Alexandre le Grand arrivant à l'embouchure de l'Indus, pour observer l'Océan à ces limites du monde. La flottille du conquérant des Indes trouve déjà de l'eau salée; rien ne fait présager un danger dans la localité calme et découverte où l'on se trouve. Mais le flot arrive subitement, le fleuve remonte vers sa source avec la vitesse d'un torrent; tous les vaisseaux, échoués d'abord, sont culbutés ensuite; tous les rivages sont couverts de débris; les soldats sont terrifiés de voir des naufrages en pleine terre, une mer entière dans le bassin d'un fleuve.

Le mascaret de la Seine, pour ainsi dire, aux portes de Paris, a été connu plus tard que celui de l'Amazone. Il a été mentionné pour la première fois dans la prose élégante de Bernardin de Saint-Pierre. Cet admirable observateur de la nature décrit, avec une rare précision, la montagne d'eau qui vient du côté de la mer en se roulant sur elle-même, occupant toute la largeur du fleuve, et surmontant ses rivages à droite et à gauche avec un fracas épouvantable. Suivant l'imagination poétique de l'auteur, la Seine est une nymphe que Neptune amoureux poursuit à grands bruits, en soulevant les flots qui forment la barre.

A quoi peut servir la connaissance des lois des mouvements du flot dans les rivières à marées? « Demandez-le, dit M. Babinet, aux constructeurs des grands travaux qui, sur les rivières d'Écosse et dans la Tamise même, ont obtenu que les bâtiments du commerce franchissent, d'une seule marée, le chemin qu'ils mettaient autrefois deux ou trois jours à parcourir. Demandez-le aux travaux qui se font aujourd'hui dans les parages ravagés jusqu'ici par la barre de la Seine, coulant bas les navires et détruisant les prairies elle-mêmes avec une force irrésistible. M. Arago, consulté officieusement par un de nos ingénieurs, sur ces travaux, lui disait : « Dans le Gange, à ses nombreuses embouchures, on a observé que les vaisseaux à flot, dans une eau profonde, ne souffrent point du mascaret, du bore, qui fait couler bas les bâtiments échoués ou stationnés dans une eau peu abondante. Tâchez donc de donner de la profondeur au lit de la Seine. »

C'est ce qu'on a fait en rétrécissant le lit du fleuve au-dessus de Quillebœuf, et le succès paraît devoir couronner ces utiles tentatives.

Tous ceux qui, en descendant la Seine, ont vu, à plusieurs kilomètres, dans les vastes et riches prairies du nord et du sud, les mâts encore subsistants des navires qui s'y sont perdus autrefois, quand le courant y passait, sentiront la haute importance de ces applications de la science des mouvements extraordinaires des eaux de la mer.

CHAPITRE IV

IRRIGATIONS ET DESSÉCHEMENTS

§ 1er

Irrigations. — Notions générales. — Canaux d'irrigation. — Réservoirs. — Déversoirs. — Vannes. — Siphons. -- Barrages mobiles. — Machines élévatoires et machines motrices. — Irrigations chez les Chinois et les Égyptiens. — Chadouff. — Sackieh. — Barrage du Caire. — Irrigations chez les Grecs, les Romains, les Visigoths, les Arabes. — Irrigations en Espagne, en Algérie, en Italie, en France. — Irrigations de la Campine, en Belgique. — Anciens procédés d'irrigation dans l'Inde. — Construction du grand canal du Gange.

L'eau si utile, si indispensable même à l'agriculture, est souvent aussi un de ses plus terribles ennemis. Les eaux stagnantes qui imbibent ou submergent les terres, s'opposent plus ou moins complètement à leur mise en culture, et tout le monde connait les ravages causés par les inondations et les corrosions des rives de la mer, des fleuves et des rivières.

Il faut donc, non seulement chercher à utiliser les eaux, mais encore apprendre à se préserver de leurs dangereux effets.

Dessécher et assainir les terrains envahis par les eaux et dépourvus d'écoulement, préserver le sol des ravages

de l'inondation, procurer en tout temps aux terres cultivées le degré d'humidité le plus convenable au développement des végétaux utiles, tel est le but à atteindre, et
il est digne, comme on le voit, de tous les efforts de la
science.

L'aménagement des eaux, au point de vue de l'agriculture, comprend l'exécution des travaux les plus nombreux et les plus variés.

Tous, depuis l'établissement du plus simple tuyau
de drainage jusqu'à la construction du grand canal
d'irrigation, exigent la connaissance la plus complète
des lois de l'hydraulique ; mais tous, malgré leur utilité incontestable, ne présentent pas pour nous le même
intérêt et nous avons dû nous borner à choisir pour
exemples quelques-uns de ceux qui, par leur importance et leur caractère de grandeur, méritent de fixer
l'attention.

C'est, en général, par la dérivation des eaux courantes que s'effectue la plus grande partie des arrosements. Un cours d'eau naturel suit, comme nous l'avons
dit, le thalweg, c'est à-dire l'intersection des pentes
qui forment la vallée, et se trouve par conséquent plus
bas que la majeure partie des terrains qu'il s'agit d'arroser.

Pour que l'eau d'une rivière puisse être utilisée, il
faut donc lui donner un nouveau lit, établi à une hauteur
suffisante, pour qu'elle puisse se répandre à volonté, et
par la seule action de la pesanteur, sur la plus grande
étendue possible des terres cultivées, situées à un niveau plus bas ; en d'autres termes, il faut créer ce qu'on
appelle un canal d'irrigation.

Ce canal, établi sur le faîte de la vallée, a une prise
directe sur le cours d'eau alimentaire ; il communique
avec une série de canaux secondaires chargés de répartir
l'eau, à droite et à gauche, en restant sur la partie la
plus élevée des terres à irriguer. C'est dans ces canaux

secondaires que les rigoles d'arrosage viennent prendre leurs eaux.

Lorsqu'un cours d'eau est trop peu important pour fournir, à un moment donné, tout le volume nécessaire à un arrosage, on parvient souvent à l'utiliser, au moyen d'un réservoir.

L'eau, recueillie dans les saisons où elle abonde, sert à de fécondes irrigations aux époques de chaleur et de sécheresse.

La création des réservoirs permet d'apporter de précieuses et importantes modifications au régime général des eaux d'une vaste contrée. La disposition des terrains, dans les pays de montagnes, fournit souvent le moyen de les utiliser à peu de frais, pour améliorer le régime des eaux sur d'immenses étendues de pays, au profit de la navigation et de l'agriculture. « Partout, dit M. de Gasparin, où un vallon, recevant les eaux d'une vaste surface de collines, laisse échapper, lors des pluies et des orages, un torrent passager, qui souvent dégrade les terres inférieures, partout où un ruisseau, trop peu abondant pour être utile, peut être retenu et ses eaux mises en réserve pour le besoin, la création d'un réservoir peut devenir une source de richesse. Il suffit de calculer et la quantité d'eau qu'on peut recevoir et l'étendue du bassin qu'on doit former et les frais que coûtera sa construction, puis balancer ces dépenses avec l'accroissement de valeur qu'acquerront les terres à arroser. »

Du reste, dès les temps les plus reculés, l'importance des réservoirs avait été comprise.

« Un grand nombre de réservoirs, dit M. Barral, étaient distribués le long du cours supérieur et du cours moyen du Nil. L'Inde, la Perse, l'Assyrie, la Palestine, la Chine, l'Arabie, présentent des restes admirables d'immenses travaux accomplis pour recueillir les eaux et les répartir en arrosages, destinés à fertiliser le sol où florissaient les plus antiques civilisations. Qui ne connaît les noms du lac Mœris, des réservoirs de Memphis, de Méroë, de Cophtos, d'Hermontis? Des centaines de millions de mètres cubes étaient emprisonnés dans des bassins qui occupaient des vallées entières et qui étaient reliés par des canaux se ramifiant en mille artères pour porter en tous sens la fécondité. Ces monuments merveilleux, de la plus haute utilité publique, légués à la postérité, servent encore à entretenir la vie dans des régions où la barbarie semble avoir posé le pied pour bien des siècles encore, si la vapeur, l'électricité, les chemins de fer, de nouvelles découvertes, plus étonnantes peut-être que nous réserve l'avenir, ne donnent pas aux peuples d'Occident la puissance de vaincre l'apathie et l'inertie des peuples d'Orient. »

Grâce aux ressources infinies que la science moderne met à notre disposition, les travaux de ce genre sont loin de présenter pour nous les innombrables difficultés qui arrêtaient, à chaque instant, les peuples de l'antiquité, et pourtant nous n'avons, en France, qu'un petit nombre de réservoirs artificiels qui méritent d'être cités. Presque partout les réservoirs existants sont destinés à pourvoir uniquement aux besoins de la navigation et des usines.

Lorsqu'un réservoir est alimenté par les eaux pluviales, il est indispensable de le munir d'un déversoir, afin d'éviter les effets destructeurs des débordements qui pourraient se produire par dessus la digue destinée à retenir ces eaux.

Une vanne de décharge, placée à une hauteur convenable, permet d'ailleurs de régler l'écoulement à volonté.

Souvent même, on établit plusieurs vannes de sortie, lorsqu'on a reconnu la nécessité de faire des prises d'eau à différentes hauteurs.

Dans certains cas, le déversoir et les vannes peuvent être avantageusement remplacés par de simples siphons. Tout le monde connaît le siphon ordinaire, employé pour vider les tonneaux, et qui consiste simplement en un tube recourbé, dont les deux branches sont inégales: la plus petite branche plonge dans le liquide à extraire, et, si le tube a été rempli de ce liquide à l'avance, en d'autres termes, s'il a été amorcé, l'écoulement a lieu d'une manière continue par la grande branche.

L'emploi du siphon paraît remonter à la plus haute antiquité; les Égyptiens s'en servaient pour clarifier les eaux du Nil, destinées à l'alimentation. Suivant Héron d'Alexandrie, les siphons étaient aussi employés comme machines hydrauliques; ils servaient à dessécher les terres inondées et à conduire l'eau par-dessus les collines.

Lorsque l'alimentation d'un réservoir se fait au moyen d'un canal, dérivé d'une rivière, la vanne de prise d'eau, placée à l'origine de ce canal, met à l'abri des craintes de débordement, et, dans ce cas, la construction d'un déversoir n'est plus indispensable.

Les barrages mobiles, dont nous avons fait ressortir l'utilité au point de vue de la navigation fluviale, trouvent une application non moins importante dans les grandes opérations d'irrigation.

Grâce aux facilités qu'ils offrent pour surélever le niveau des eaux, ils se prêtent admirablement aux arrosages intermittents, par les rivières. Aux époques où il est nécessaire d'arroser les terres, on relève le barrage; les eaux ne tardent pas à s'élever et à entrer dans le canal principal de dérivation pour se répandre ensuite dans les canaux secondaires et, de là, dans les rigoles d'arrosage. Lorsque les terres sont arrivées à un degré d'humidité convenable, il suffit d'abaisser le barrage pour interrompre la circulation de l'eau et l'empêcher, par suite, de produire des effets nuisibles.

Dans le cas où la rivière devrait, en même temps, servir à la navigation, il pourrait y avoir avantage à munir le canal de dérivation d'un second barrage mobile, à un niveau légèrement supérieur au premier.

Les canaux de dérivation, avec l'ensemble des réservoirs, des vannes, des barrages, etc., constituent les meilleures machines qu'on puisse employer pour l'irrigation. La force motrice, dans ce cas, est la pesanteur, force essentiellement gratuite. Mais, pour que son concours puisse être directement utilisé, il faut que la surface à arroser soit notablement au-dessous de la nappe d'eau dont on veut se servir; lorsqu'au contraire elle est à un niveau plus élevé, une nouvelle force motrice devient indispensable pour vaincre le poids de l'eau et la conduire, pendant un certain temps au moins, dans une direction opposée à celle de la pesanteur.

De là la nécessité de deux machines différentes : l'une,

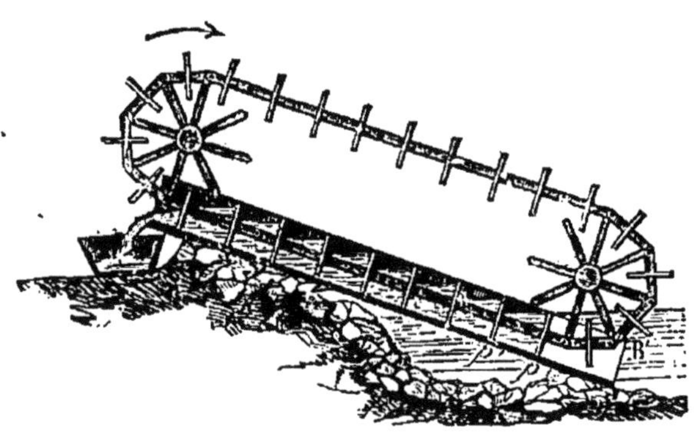

Chapelet.

l'opérateur, portant l'eau d'un point plus bas à un point plus élevé; l'autre, le récepteur, destiné à transmettre la force motrice, chargée de donner le mouvement à la première.

La première catégorie, celle des machines élévatoires, comprend les écopes, les roues à godets, à palettes, à tympans, les norias, les chapelets, les vis d'Archimède, les pompes, etc.

Les machines motrices sont de plusieurs sortes ; celles qui servent à appliquer le travail des moteurs animés, de l'homme ou des animaux; les manèges, les roues à chevilles, les treuils, etc.; celles qui sont mues par

l'eau, c'est-à-dire les roues à palettes, à aubes, à au-
gets, les tympans, les turbines; celles qui sont mues
par le vent, ou moulins à vent; les machines mues par
la vapeur.

« L'emploi des machines à élever l'eau, dit M. Hervé-
Mangon, présente une très grande importance dans les
pays où, comme en France, la propriété est excessive-

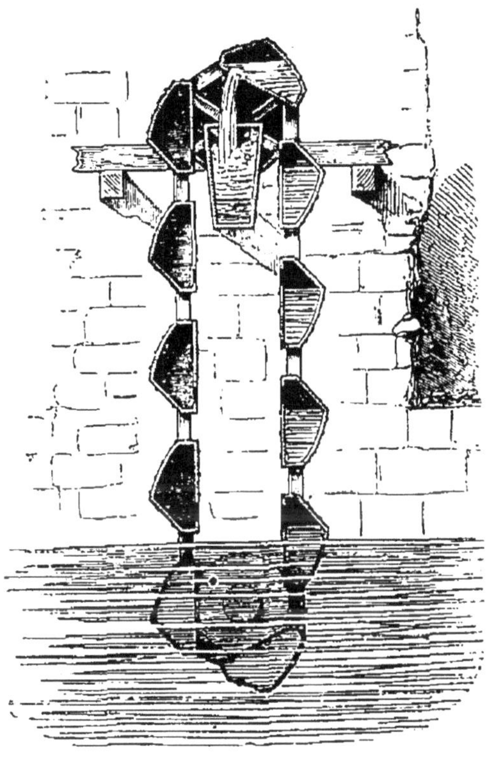

Noria.

ment divisée, et où les populations ne sont pas encore
arrivées à comprendre les bienfaits de l'association.

« Il est très rare, en effet, qu'un propriétaire possède une assez grande étendue de terrain, pour qu'elle
puisse supporter à elle seule tous les frais d'établissement d'un canal spécial, construit à force d'indemnités
sur le terrain d'autrui.

« Les machines, au contraire, peuvent s'établir partout sur les bords des cours d'eau, et elles offrent souvent le moyen le plus économique de se procurer la quantité d'eau nécessaire aux arrosages.

« En général, il y a avantage à employer les appareils les plus perfectionnés; les frais d'établissement sont,

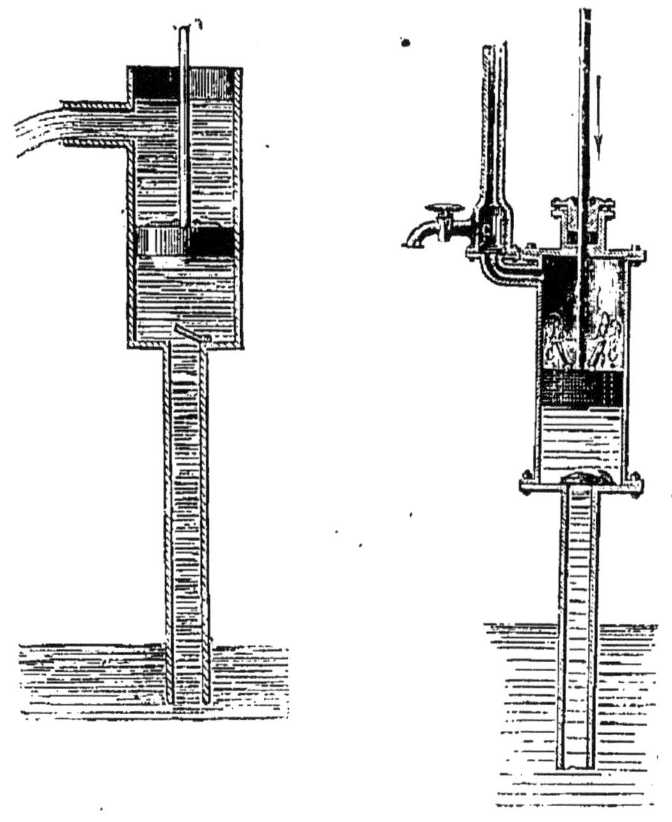

Pompe aspirante.   Pompe aspirante.

il est vrai, plus élevés; mais l'économie qu'ils procurent compense rapidement cet excédent de dépense. »

Les machines élévatoires ne sont pas spéciales aux irrigations; on les retrouve en partie dans les distributions d'eau et les opérations de desséchement.

Comme chaque système de machines offre des dispositions très différentes, dont l'emploi doit varier suivant les circonstances, il nous paraît sans intérêt de consacrer à les décrire un chapitre spécial. Quelques exemples, choisis parmi les grands projets d'irrigation et de dessèchement, montreront, beaucoup mieux que les descriptions les plus minutieuses, le rôle important que joue l'hydraulique appliquée aux opérations de l'agriculture.

La pratique des irrigations remonte aux temps les

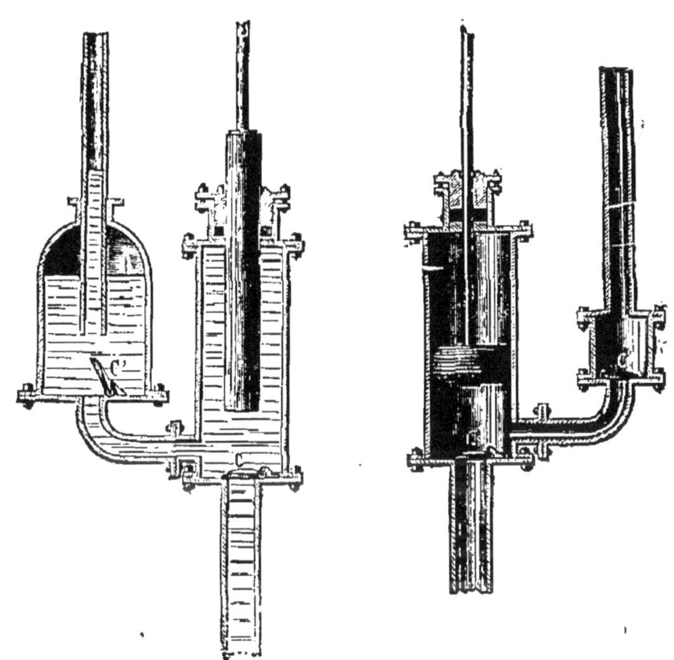

Pompe aspirante et foulante. Pompe aspirante et foulante.

plus reculés. On la rencontre naturellement dans les pays qui furent jadis le berceau de la civilisation, en Chine, en Égypte et dans l'Inde.

Irrigations en Chine. — Chez les Chinois, où les arts utiles se retrouvent à un degré de perfection merveilleux, l'arrosage est considéré, depuis un temps immémorial, comme la base de l'agriculture.

Le sol est sillonné par d'innombrables canaux d'irrigation qui, après avoir reçu les produits des ruisseaux et des sources, déversent sur les champs leurs nappes fertilisantes. Partout où les cours d'eau sont insuffisants, les eaux pluviales, retenues par des barrages, forment de vastes réservoirs qu'on utilise aux époques de sécheresse.

Aux environs de Canton, toutes les collines sont coupées par des terrasses dont l'espacement est réglé par la pente naturelle du terrain; les terrasses les plus élevées sont destinées aux plantes qui résistent le mieux à la sécheresse; les plus basses, au contraire, reçoivent celles qui demandent plus d'humidité. Des retenues artificielles, alimentées par les eaux pluviales, permettent d'obtenir, à peu de frais, le mode d'arrosage le plus parfait : après avoir humecté les cultures supérieures, l'eau descend, par des conduits ingénieusement ménagés, sur les cultures inférieures, qui profitent ainsi, non seulement de la pluie reçue directement, mais encore de l'eau superflue des hauteurs et des matières entraînées. Grâce à de nombreuses plantations faites sur les arêtes des terrasses, les collines, au lieu de pentes abruptes et de flancs décharnés, présentent à l'œil le merveilleux spectacle d'un amphithéâtre de fruits et de moissons, agréablement coupé par des lignes de verdure.

Irrigations en Égypte. — Dès l'antiquité la plus reculée, l'Égypte était célèbre par la prodigieuse fertilité que communiquaient à ses terres les limons du Nil.

A l'époque des pharaons, les inondations périodiques de ce fleuve étaient utilisées pour l'arrosage général de toute la basse Égypte, au moyen d'un admirable système de digues et de canaux. Sur les deux rives du fleuve étaient établis des canaux de distribution qui, après s'être dirigés d'abord vers les montagnes qui bordent la vallée, se retournaient pour en longer la base, en suivant une direction parallèle à celle du fleuve. Une série de digues, établies en travers du cours des canaux, avaient pour but

de faciliter les dépôts successifs du précieux limon
charrié par les eaux. A certaines époques de l'année, à
la suite de pluies torrentielles, le Nil sortait des chaines
de montagnes, considérablement grossi, et le niveau de
ses eaux augmentait rapidement ; lorsque cette hauteur,
indiquée par les nilomètres, était jugée suffisante, on
introduisait les eaux dans les canaux de distribution par
des coupures faites aux digues longitudinales. Les
autres digues, élevées en travers du cours des canaux,
forçaient successivement les eaux à s'élever et à sub-
mérger les terrains placés en avant.

On ne rompait une digue, pour laisser les eaux arriver
à la digue suivante, que lorsqu'une partie du limon, tenu
en suspension dans les eaux, avait eu le temps de se
déposer.

Après trois mois environ de submersion, les digues
inférieures étaient coupées, les eaux s'échappaient, et la
terre était dès lors apte à recevoir la semence. Trois récoltes, chaque année, témoignaient assez de l'excellence
de ce système.

Pour la haute Égypte, dont les diverses parties ne sont
pas atteintes par les débordements du Nil, il fallait pourvoir à leur arrosage d'une autre manière.

On avait recours alors à des machines qui élevaient, à
une hauteur convenable, les eaux du Nil, des ruisseaux
ou des puits, et les déversaient dans de petites rigoles,
établies en pente jusqu'aux points qu'on voulait arroser.

Ce fut, à ce qu'il paraît, dans un de ses voyages au
sein de cette contrée, que l'illustre géomètre de Syracuse
appliqua au service des irrigations la vis qui porte son
nom. Quoi qu'il en soit, l'usage de la vis d'Archimède ne
s'est pas répandu dans la haute Égypte.

Parmi les appareils employés à élever l'eau, l'un des
plus simples et l'un de ceux qu'on emploie encore aujourd'hui est le chadouff, qui se rapproche de l'écope
hollandaise.

Le chadouff est une espèce de vase demi-sphérique, un couffin, qu'on manœuvre au moyen d'une corde, fixée à l'une des branches d'un levier à contrepoids, suspendu à une traverse en bois, qui repose sur deux petits massifs. Pour faire descendre le vase dans l'eau, l'homme tire sur la corde; il agit par le poids de son corps et se fatigue peu; quand il le ramène en haut, il est puissamment aidé par l'action du contrepoids.

Avec un seul chadouff, il n'est guère possible d'élever l'eau à plus de 3 mètres; lorsqu'elle doit monter à un niveau supérieur, on établit une série de chadouffs en

Vis d'Archimède.

échelons, depuis la rivière jusqu'à la hauteur du petit canal d'irrigation; l'eau puisée par les premiers appareils est versée dans une tranchée, où elle est reprise par les appareils du second rang, et ainsi de suite jusqu'à la rigole d'écoulement.

Avec cet appareil, un fellah n'élève guère plus de 50 litres à 3 mètres de hauteur en une minute.

« Tous les voyageurs, dit M. Barral, qui ont parcouru le Nil pendant les basses eaux, ont été frappés du spectacle des nombreux chadouffs qui bordent les rives du fleuve, sans cesse mis en mouvement par des hommes presque entièrement nus, qui, pour régulariser le mouvement imprimé à leurs longues perches, accompagnent la manœuvre en répétant d'un rythme uniforme de monotones cantilènes. »

Une autre machine, également très employée pour puiser l'eau du Nil, est le sackieh, fort usité sur les bords du Tigre et de l'Euphrate; il ne diffère d'ailleurs que par quelques détails de la noria, dont l'usage, en Europe, est très répandu.

Le sackieh est une espèce de corde sans fin, sur laquelle sont fixés des pots de terre, et qui s'enroule, à sa partie supérieure, autour d'une roue verticale.

Quand cette roue tourne, on voit, d'un côté, descendre les pots vides, et de l'autre, monter ceux qui se sont remplis en plongeant dans le fleuve. Au niveau de l'axe de la roue, ces pots commencent à s'incliner et à répandre l'eau dont ils sont remplis; ils continuent progressivement à se vider jusqu'à ce qu'ils aient atteint le sommet de la roue. L'eau est reçue dans une auge en bois, qui la conduit à un réservoir, d'où elle s'échappe dans la rigole qui doit la conduire aux champs.

Le mouvement de la roue peut être produit de différentes manières; le plus souvent, c'est au moyen d'un manège, conduit par un bœuf ou un cheval.

Malgré leurs nombreuses imperfections, les deux appareils que nous venons d'indiquer sont encore employés pour l'arrosement de la haute Égypte.

Les appareils plus perfectionnés, les pompes, ne se montrent que sur quelques points isolés, et il se serait passé sans doute encore bien des années avant qu'on eût songé à demander à la machine à vapeur ou aux moteurs hydrauliques le travail qu'exécutent aujourd'hui les bêtes de somme et surtout les malheureux fellahs, sans la révolution radicale que doit nécessairement produire, dans l'état industriel du pays, la plus grande entreprise des temps modernes, le percement de l'isthme de Suez. Ce

n'est pas impunément que, pendant les dix années consa-
crées à l'achèvement de ce merveilleux travail, les fellahs
ont vu la vapeur remplacer l'homme dans les opérations
les plus nombreuses et les plus variées, faire elle-même
les épuisements, creuser les tranchées, transporter les
déblais, ne laisser à l'homme, en quelque sorte, qu'une
seule fonction, la plus intelligente, il est vrai, celle de
la direction.

Dans la basse Égypte, le système d'arrosement, que nous
avons essayé d'indiquer, a subi des modifications radicales.
Depuis les pharaons, les dépôts irréguliers des limons du
fleuve, en s'accumulant pendant plusieurs siècles, avaient
fini par bouleverser les niveaux des terrains ; le temps et
les révolutions avaient détruit l'admirable réseau des
canaux et des digues. Au lieu de trois récoltes par an,
on n'en obtenait plus qu'une seule. Une pareille situation,
qui s'aggravait chaque jour, appelait un remède énergique.
et c'est au vice-roi d'Égypte, Méhémet-Ali, mort depuis
plusieurs années, que revient l'honneur d'avoir rendu au
pays son antique fertilité.

C'est lui qui eut l'heureuse idée de faire tout l'arrosage
de la basse Égypte, au moyen d'un immense barrage
situé à la pointe du delta, près du Caire.

Ce vaste projet, dressé et exécuté par un ingénieur français, est un des plus beaux exemples d'irrigation, et il
laisse bien loin derrière lui les travaux gigantesques du
même genre attribués aux anciens monarques égyptiens.

A l'extrémité du delta, sur les deux branches de Rosette
de Damiette, sont établis deux ponts éclusés ; le premier
a 452 mètres de longueur et se compose de 59 arches ;
le second en a 71 pour une longueur totale de 522 mètres.
Ces arches sont ogivales et ont chacune 5 mètres d'ouverture. Elles sont fermées au moyen de poutrelles appli-
quées contre la tête d'amont.

La surélévation des eaux, produite par le barrage, est
en général de 5 mètres, mais elle peut aller jusqu'à

6 mètres et demi, lorsque les circonstances l'exigent. Au milieu de chaque pont éclusé, se trouve ménagée une arche marinière de 15 mètres de largeur, avec volée mobile et bateau-porte pour fermeture.

Des écluses de 47 mètres de longueur, établies près des rives, permettent aux bateaux de passer en tout temps d'un côté à l'autre du barrage.

Ce barrage, en faisant refluer les eaux jusqu'au Caire, permet de compléter le réseau navigable de l'Égypte et d'arroser près de 100 000 hectares de la basse Égypte.

L'arrosage de cette immense surface se fait au moyen de trois canaux, débouchant en amont du barrage, et servant à la fois à l'irrigation et à la navigation. Le premier se dirige vers la rive droite du Nil, le second au centre même du delta et le troisième vers Alexandrie.

Les deux premiers ont 100 mètres de largeur et le troisième 60 seulement. Leur tirant d'eau varie de 1 mètre et demi à 3 mètres.

Trois récoltes par an, au lieu d'une, la culture de la canne à sucre, de l'indigo et du cotonnier, telles sont les conséquences immédiates de l'œuvre de Méhémet-Ali.

Irrigations en Europe. — Chez les Grecs et chez les Romains, l'agriculture tirait un grand parti des arrosages ; on retrouve en Italie de nombreux vestiges de travaux d'art, d'aqueducs, de barrages, qui étaient destinés à diriger les eaux et à les répandre sur les prairies.

Les effets bienfaisants de l'irrigation sont clairement indiqués dans quelques vers du premier livre des *Géorgiques* :

« Quand le soleil embrase les campagnes, que l'herbe sèche et meurt, tout à coup, des hauteurs sourcilleuses du coteau l'eau descend, amenée dans la plaine ; la voilà qui murmure en tombant sur les cailloux ; les champs sont rafraîchis et l'herbe s'est ranimée. »

. Lorsque, après les Romains, les Visigoths se furent établis dans la Gaule méridionale, ils signalèrent leur présence par des travaux d'irrigation, dont quelques-uns subsistent encore. C'est à eux que l'on doit la plupart des petits canaux qui vivifient nos prairies au pied des Pyrénées; l'un d'eux porte encore le nom du roi Alaric.

Parmi les peuples du moyen âge, aucun n'attacha plus d'importance aux irrigations que les Arabes. Ils développèrent en Europe cette précieuse ressource, continuant et agrandissant les travaux des Visigoths en France, créant en Espagne des aqueducs immenses et de gigantesques barrages, élaborant des règlements extrêmement remarquables pour l'usage et la distribution des eaux.

Irrigations en Espagne. — Parmi les travaux exécutés par les Maures et qui subsistent encore aujourd'hui, il convient de citer ceux qui ont produit la *huerta,* le jardin de Valence. L'arrosement de cette région priviligiée se fait au moyen de huit canaux dérivés du Turia ou Guadalaviar. Les prises d'eau qui alimentent ces canaux sont assurées au moyen de barrages en maçonnerie. A chaque barrage se trouve accolé un pertuis, fermé par des vannes ou des poutrelles horizontales, qui s'ouvre, à l'époque des crues, pour donner passage aux eaux et qu'on utilise en temps normal pour le flottage. Les prises sont installées de telle sorte que les débits dans les divers canaux restent toujours proportionnels.

Les terres, ainsi arrosées, valent, aux environs de Valence, plus de 10 000 francs l'hectare, tandis que les meilleures terres des parties non arrosées ne dépassent pas 1000 francs.

Le règlement élaboré par les Maures pour l'usage et la distribution des eaux, dans la huerta de Valence, est encore aujourd'hui en vigueur. La répartition des eaux, lors des sécheresses, se fait par l'intervention d'un syndic et d'un comité, nommés par tous les intéressés, réunis en assemblée générale.

Plus curieux encore que les dérivations de rivières pour les irrigations sont ces immenses barrages qu'on rencontre en plusieurs points de l'Espagne et qui ont pour but de transformer une vallée en un vaste réservoir, où s'accumulent les eaux pendant la saison d'hiver. L'eau, ainsi emmagasinée, est utilisée pendant l'été, pour maintenir, à un état convenable d'humidité, les parties basses de la vallée. Ce système de barrages-réservoirs est évidemment le plus convenable sous des climats comme celui de l'Espagne, pour lesquels la saison pluvieuse et la saison sèche sont d'ordinaire nettement tranchées.

Le plus ancien barrage qu'on rencontre en Espagne est celui d'Almansa, qui a été construit par les Maures. Mais le plus important est le barrage de Tibi, qui sert à l'irrigation de la huerta d'Alicante, dont la superficie est de 3700 hectares, comprenant des terrains d'une grande valeur, parmi lesquels se trouvent les vignobles des crus de Muscatel et de Malvoisie.

Ce barrage, qui date de la fin du seizième siècle, est attribué à l'architecte Herreras, le constructeur de l'Escurial. Il est établi au point le plus resserré d'une gorge au fond de laquelle coulait un torrent, le Rio-Monegre. Construit entièrement en maçonnerie, avec revêtement en pierre de taille, sa hauteur atteint 41 mètres. L'épaisseur, qui est de 20 mètres au couronnement, est de 34 mètres à la base ; cette différence, qui est obtenue, à l'intérieur, par un fruit régulier donné au parement et, à l'extérieur, par une série de redans, a été imposée par des considérations de stabilité. C'est également dans le but d'augmenter la résistance à la pression des eaux que le mur a été profilé horizontalement suivant un arc de cercle, de manière à former voûte.

Le barrage est traversé par deux galeries, dont l'une est la galerie de prise d'eau et l'autre celle de curage.

La galerie de prise d'eau est alimentée par un puits ménagé en arrière du parement d'amont et muni de barbacanes ; cette disposition permet à l'eau de pénétrer dans le puits, quelle que soit la hauteur de vase accumulée contre le parement intérieur. La galerie de curage est destinée à évacuer, avant la saison des pluies, l'énorme quantité de vase qui se dépose à l'amont et qui est amenée par les eaux torrentielles.

Le barrage de Tibi constitue un réservoir de près de 4 millions de mètres cubes, ce qui représente environ 1000 mètres cubes pour chaque hectare de la huerta, quantité qui permet de faire deux arrosages par été.

Irrigations en Algérie. — La question des irrigations en Algérie présente une certaine analogie avec celle des irrigations d'Espagne. Le moyen le plus rationnel de la résoudre est la création de réservoirs artificiels, destinés à emmagasiner les eaux surabondantes de la saison humide pour les utiliser pendant la période de sécheresse.

En Algérie, en effet, l'eau manque dans les cours d'eau pendant l'été, tandis qu'elle est généralement très abondante pendant l'hiver. Malheureusement ses rivières ne présentent pas toutes un ensemble de circonstances assez favorables pour l'exécution d'un barrage réservoir. La création d'un ouvrage de ce genre est essentiellement subordonnée à la possibilité de trouver, le long d'un cours d'eau, un réservoir large et profond, fermé par un défilé très étroit et solide, permettant l'établissement de bonnes fondations.

Un des barrages les plus connus est le barrage du Chéliff, dans la province d'Oran. Son exécution a présenté d'assez grandes difficultés. Sur 200 kilomètres, à l'amont de son embouchure à Mostaganem, le Chéliff coule dans une plaine presque parallèle au rivage; cette plaine, sur une longueur d'une dizaine de kilomètres, est interrompue par des gorges profondes et resserrées, qui forment une espèce de goulot. A 4 kilomètres de l'origine de ces gorges, on a construit, en travers de la vallée, un barrage de 12 mètres de hauteur, destiné à retenir l'eau nécessaire à l'irrigation de

1200 hectares. L'emmagasinement, lorsque l'eau affleure le couronnement, représente 5 millions de mètres cubes.

Un barrage beaucoup plus important encore que le précédent est celui de l'Habra, qui a été exécuté par une compagnie subventionnée. L'Habra est essentiellement une rivière à allure torrentielle. Tandis qu'il débite, en moyenne, 3 mètres cubes en hiver, son débit en été tombe à 5 ou 600 litres, et, lors des crues, il atteint 700 mètres cubes.

Le réservoir de l'Habra peut contenir l'énorme volume de 30 millions de mètres cubes ; mais ce résultat n'a pu être obtenu qu'au prix d'une dépense très considérable ; il a fallu donner au barrage un développement de 450 mètres.

Irrigations en Italie. — C'est dans le nord de l'Italie que l'art des irrigations eut en quelque sorte son époque de renaissance. Dans cette riche contrée, il ne tarda pas à se développer rapidement, grâce à l'union, chaque jour plus intime, de la sience et de la pratique. Les travaux de toute nature, exécutés spécialement pour l'arrosage des terres, prirent un caractère d'importance sociale qui rappelle les temps de la plus grande splendeur de l'Égypte sous les pharaons.

« La circonstance qui a le plus contribué au développement des irrigations dans le nord de l'Italie, dit M. l'ingénieur Beaumgarten, est la sérénité générale de l'été, malgré la grande abondance de la pluie annuelle ; entre Pavie et Brescia, il n'y a, par an, que trente ou quarante jours de pluie ; dans la province de Lodi, le soleil luit la moitié de l'année, dans celle de Milan, plus de la moitié, et, dans celle de Brescia, les deux tiers.

Il n'y a pas, en moyenne, plus de 2 ou 3 jours de pluie par été, et ce sont alors des pluies torrentielles.

La température ne dépasse pas 33° et ne descend jamais au-dessous de 23°, même pendant la nuit. »

Ce simple exposé des conditions climatériques suffit pour faire comprendre l'importance qui s'attache à l'arrosage des récoltes.

Ce sont les neiges des hautes montagnes qui alimentent surtout les irrigations d'été. La pente générale du sol dans la Lombardie est très favorable à une bonne irrigation; elle est assez accusée, sans être trop forte, de telle sorte que l'eau peut circuler facilement, sans entraîner les engrais et l'humus. La majeure partie des irrigations se fait au moyen de canaux de dérivation.

Dès la fin du douzième siècle, le territoire milanais fut doté de deux grands canaux, encore existants, et qui sont formés par des dérivations du Tessin et de l'Adda. Près de 100 000 hectares de cailloux et de grèves sablonneuses doivent leur fertilité aux fréquents arrosages que permettent ces cours d'eau, créés par la main de l'homme. Ce qui n'est pas moins remarquable que l'effet obtenu, c'est la persévérance infatigable qu'il a fallu déployer pour arriver au terme de pareils travaux, à une époque où l'art des constructions était encore dans l'enfance. « Pour en comprendre la réussite, dit M. Nadault de Buffon, il faut se rappeler que ces canaux sont contemporains des vastes et admirables basiliques chrétiennes, et qu'ils ont eu, comme elles, les ouvrages arabes pour modèles, et pour créateurs des architectes religieux. »

Plus tard, grâce à l'invention des écluses, due à l'illustre Léonard de Vinci, le problème de l'établissement des canaux se trouva notablement simplifié. Les irrigations du territoire milanais furent complétées au treizième siècle, sous François Sforza, par l'ouverture de deux autres canaux pourvus d'écluses, dont le plus important est le canal de Martesana.

Depuis le treizième siècle, un grand nombre d'autres canaux d'irrigation ont été créés, et on évalue à 800 millions les sommes dépensées pour l'irrigation de

200 000 hectares, qui représentent à peine la moitié de
la surface arrosée en Lombardie.

Le *Journal d'agriculture pratique* a publié récemment
une description pittoresque des irrigations du Milanais.
Nous croyons devoir la reproduire en partie, parce qu'elle
donne à grands traits un tableau intéressant de cette
riche contrée :

« C'est un spectacle saisissant de voir, en février, les
plaines milanaises couvertes de neige, alors que, par
exception, les *marcites* (prairies d'hiver), protégées par
une légère nappe d'eau courante, qui doit à sa température d'opérer la fonte de la neige, commencent à donner leur première coupe verte. Cinq autres coupes
suivent ainsi, du mois de février à l'automne, en sorte
que le bétail peut être nourri au vert pendant onze mois.

C'est un pays à part que le Milanais, sous le rapport
des irrigations. C'est le pays de l'herbe perpétuelle par
excellence. Limité supérieurement par les Alpes, latéralement par l'Adda et le Tessin, et inférieurement par le
Pô, il est sillonné de sources intarissables qui descendent des hautes montagnes pour se réunir dans les
lacs Majeur, de Côme et de Lugano. Là, dans ces immenses bassins naturels, elles déposent leurs graviers,
puis se rendent dans l'Adda et le Tessin, qui sont les
principales voies d'arrosage de tout le pays, tandis que
le Pô, où se jettent ces deux rivières, en est la grande
voie d'écoulement.

En outre, au milieu de ce grand ensemble, et pour le
rendre encore plus parfait, sont disséminés d'autres lacs
et d'autres cours d'eau de moindre importance, mais
qui, néanmoins, se rattachant au réseau général d'irrigation, apportent aussi, pour leur part, une grande quantité d'eau disponible en faveur de l'agriculture, des
usines et de la navigation.

Telle est la topographie générale : de hautes montagnes au nord ; à leur pied, une vaste plaine exposée

au midi, à sol léger, à pentes douces, flanquée de deux
grosses rivières d'arrosement, dominées par des lacs considérables dont l'eau ne gèle jamais, et enfin assainie par
un fleuve où toutes les eaux d'irrigation peuvent se
rendre par la seule loi de la gravitation.

Ce n'est pas tout : à ces premiers avantages se joignent
ceux d'une constitution géologique vraiment exceptionnelle. Au-dessous de la première couche de terre se
trouve un lit de gravier, dont le gisement est à peu
près parallèle à la surface du terrain. Les eaux s'in-
filtrent dans ce gravier et, à une certaine distance des
montagnes, se rencontrent à une faible profondeur. A
cet endroit on creuse un puits et de celui-ci se détache
un petit canal, que l'on dirige obliquement à la ligne de
plus grande pente, en ayant soin de se rapprocher de
plus en plus de la surface. On conçoit que cette eau,
après un parcours plus ou moins long, doit arriver à
se répandre sur les campagnes et à servir pour l'irrigation.

Suivant Joseph Bruschetti, cet emploi de ces eaux souterraines, dites de *fontanili*, remonterait à la seconde
moitié du douzième siècle. Actuellement, les environs
de Milan comptent de nombreux fontanili qui, en vertu
de la température de leurs eaux, servent à l'arrosement
des Marcites, ou prés d'hiver, dont il a été précédemment question.

Ainsi, en résumé, pour l'irrigation pendant la belle
saison, le Milanais possède l'eau des lacs et des fleuves,
amenée par les canaux de dérivation, et, quand la température atmosphérique vient partout ailleurs arrêter la
végétation, cette terre privilégiée voit sortir de ses entrailles des sources dont les eaux, répandues sur les
prairies, y font croître l'herbe en dépit des frimas.

Certes, la nature a beaucoup fait pour ces heureuses
contrées, mais l'homme n'a point, comme en d'autres
pays, dormi sur les richesses étalées sous ses yeux : de-

gigantesques travaux ont, au contraire, achevé l'œuvre; une législation protectrice a réglé le cours et l'usage des eaux; aucune goutte du précieux liquide n'est perdue. Tandis que, dans nos capitales, nous abandonnons aux fleuves voisins les déchets de notre consommation, tandis que des principes éminemment fertilisateurs disparaissent ainsi, sans utilité pour l'agriculture, toutes les eaux d'égout de la ville de Milan sont portées dans des canaux d'irrigation, qui les versent sur les prairies. »

Milan, tête de la Lombardie au moyen âge, avait une ceinture de fossés, dans lesquels on envoyait les immondices des rues et les résidus des fabriques de laine. Le courant s'écoulait vers le Pô par un vieux lit, le Vettabia, qui traversait les terres de l'abbaye de Chiaravalle (Clairvaux), occupée par les moines de Cîteaux. La tradition veut que ce soit saint Bernard lui-même qui ait eu l'idée de jeter ces eaux grasses et impures sur les prés de l'abbaye. L'effet fut excellent; il augmenta quand on y joignit l'eau des fontanili, et enfin, quand François Sforza put consacrer une certaine quantité de l'eau du canal de Martesana au lavage des égouts de Milan, ce genre spécial d'irrigation put s'appliquer à une superficie beaucoup plus considérable. Aujourd'hui, la surface occupée par les Marcites représente plus de 4000 hectares.

Irrigations en France. En France, on trouve des exemples d'irrigation par les petits cours d'eau dans un assez grand nombre de départements; elles sont loin cependant d'atteindre les développements que l'heureuse disposition de nos vallées permettrait de leur donner.

Les irrigations au moyen de grands canaux de dérivation sont encore assez rares et ne se rencontrent que dans certains départements du Midi. L'étendue des terrains soumis à un arrosage régulier, au moyen de canaux dérivés des cours d'eau naturels, ne paraît pas dépasser notablement le chiffre de cent mille hectares. Cette surface n'utilise guère que le vingtième des eaux disponibles.

A l'exception de la Durance, dont les eaux sont aujourd'hui assez bien utilisées, grâce aux travaux exécutés dans les trente dernières années, tous les grands cours d'eau ne fournissent jusqu'ici que de faibles ressources à l'agriculture. En attendant l'exécution des grands projets à l'étude depuis plusieurs années, le Rhône continue à couler, à peu près inutile, à travers les plaines desséchées du Midi. La Garonne et la Loire n'alimentent que depuis un petit nombre d'années des canaux d'irrigation de quelque importance. Quant à la Seine et aux affluents du Rhin, ils sont restés jusqu'ici complètement inutilisés.

Le volume total des eaux versées chaque année à la mer par tous les fleuves de France est évalué à 180 milliards de mètres cubes. Ces eaux contiennent en dissolution des matières fertilisantes d'une grande valeur. D'après les nombreuses analyses faites, on a calculé que les fleuves entraînent à la mer, chaque année, plus de 30 000 tonnes d'ammoniaque et 15 000 000 de tonnes d'azotates solubles. Il y a là des éléments de fécondité pour bien des milliers d'hectares.

En dehors du grand canal ouvert, au milieu du seizième siècle, par Adam de Crapponne et qui a eu plus spécialement pour objet, comme nous le verrons, le colmatage de la Crau, les premiers travaux d'irrigation de quelque importance que nous trouvions à signaler sont ceux du département de Vaucluse.

La partie de ce département qui est au nord de la Durance est sillonnée par de nombreux canaux, dont les sources d'alimentation sont la fontaine de Vaucluse et la Durance.

La fontaine de Vaucluse, qui alimente les canaux d'arrosage à l'eau claire, est, comme on le sait, l'exutoire d'un vaste bassin perméable de calcaire néocomien, s'étendant jusqu'à Sisteron, sur une superficie de près de cent mille hectares. La pluie qui tombe annuellement sur cette surface représente environ 80 millions de mètres cubes d'eau, soit un débit de 24 à 25 mètres cubes par seconde. Le débit de la fontaine de Vaucluse s'élève à près de la moitié, 11 à 12 mètres cubes.

A peu de distance de son point de sortie, le courant se divise en deux branches, celle de l'Isle et celle de Velleron.

La branche de l'Isle, au moyen du barrage du Prévot, est presque entièrement utilisée pour alimenter le canal de Vaucluse, lequel, après avoir arrosé plusieurs communes, se divise lui-même au château d'Aiguille, en deux branches, dont l'une se dirige sur Sorgues et l'autre sur Avignon.

La branche de Velleron présente plusieurs dérivations; elle finit par se jeter dans l'Ouvèze, à Bédarrides.

Avec son débit de 12 000 litres à la seconde, la fontaine de Vaucluse pourrait arroser 12 000 hectares; mais les chutes et les usines empêchent le développement des irrigations, qui ne s'étendent, en réalité, que sur une surface à peine égale au tiers du chiffre précédent.

Les canaux d'irrigation à l'eau trouble sont alimentés par la Durance. Ces canaux, dont le plus ancien remonte au treizième siècle, sont au nombre de cinq : le canal Saint-Julien, le canal de Cabedan-neuf, le canal Crillon, le canal de la Durançole et le canal de M. de Cambis. La superficie qu'ils peuvent arroser est de 7000 hectares.

Le prix de revient de l'arrosage à l'eau trouble est de six à dix fois plus élevé que celui de l'arrosage à l'eau claire, et cependant on tend de plus en plus à lui donner la préférence, car les prairies arrosées à l'eau trouble fournissent un revenu beaucoup plus considérable; cette eau apporte avec elle l'engrais nécessaire, tandis qu'avec l'eau claire il est indispensable, pour obtenir les mêmes résultats, d'ajouter une assez grande quantité de fumier.

Le canal de Carpentras est de création tout à fait moderne. Au commencement du dix-huitième siècle, il n'existait, sur la rive droite de la Durance, que deux canaux d'irrigation, celui de Saint-Julien, construit dans la commune de Cavaillon par l'évêque de cette ville, et celui de l'Hôpital, établi, dans la commune d'Avignon, par les chartreux de Bompas. En 1730, un architecte de la contrée, M. Brun, présenta un avant-projet de dérivation des eaux de la Durance, destiné à porter les irrigations dans une grande partie du comtat Venaissin. Ce projet, avec de légères modifications, se trouve aujourd'hui réalisé. Une première partie avait été exécutée, en 1780, sous le nom de canal de Cabedan-Neuf. Vers 1850, on en exécuta un autre tronçon et enfin la dernière partie a été achevée en 1857.

Le canal de Carpentras a sa prise d'eau à la Durance, auprès du rocher de Mérindol. Les terres que leur situation permet d'arroser présentent une superficie totale de 27 000 hectares. Le développement de la ligne principale, depuis la prise d'eau à Mérindol jusqu'au point de déchargement dans la rivière de l'Aigues à Travaillans, est de 83 360 mètres. Les dérivations principales, au nombre de cinq, présentent ensemble une longueur de 55 720 mètres.

Le plus grand ouvrage d'art de toute la ligne est le pont-aqueduc de Galas, sur lequel le canal franchit le célèbre vallon de Vaucluse. On y rencontre deux souterrains, dont le plus long a 1050 mètres, plusieurs siphons en béton, des ponts-aqueducs, etc.

Les travaux du canal de Carpentras, dirigés par des ingénieurs des ponts et chaussées, ont été exécutés au compte d'un syndicat de propriétaires intéressés. C'est là un exemple remarquable de la puissance de l'association pour l'aménagement des eaux, en vue de l'arrosage des terres.

Dans le bassin de la Garonne, quelques-uns des grands projets étudiés depuis longtemps ont été mis à exécution dans ces dernières années. Les travaux les plus importants se rapportent à l'établissement du canal de la Neste et à celui de Saint-Martory.

Le canal de la Neste a pour but de fournir de l'eau, pendant l'été, aux nombreuses vallées qui s'étendent au pied des Pyrénées et prennent leur origine au plateau de Lannemezan. Dans cette région, qui comprend tout le département du Gers et partie des départements des Hautes-Pyrénées, de la Haute-Garonne, de Tarn-et-Garonne et de Lot-et-Garonne, les rivières sont généralement à sec pendant tout l'été et les habitants manquaient d'eau le plus souvent pour les besoins ordinaires de la vie.

Le canal établi pour remédier à cette situation amène une partie des eaux de la Neste sur le plateau de Lannemezan. Ce canal, dont la prise d'eau est à Sarrancolin, a une longueur de 28 kilomètres; son débit peut s'élever à 7000 litres par seconde.

Pour venir en aide au canal de la Neste, pendant la période des basses eaux, on a eu recours à la création d'un réservoir au lac d'Orédon, situé près de la ligne de partage des bassins de la Neste et du gave de Pau. Grâce à certains travaux, ce lac a pu être transformé en un réservoir d'une capacité de 7 500 000 mètres cubes.

Le canal de Saint-Martory est destiné à arroser la vallée de la Garonne, en amont de la ville de Toulouse. Il a sa prise d'eau au village de Saint-Martory, au pied des Pyrénées. Entre ce point et Toulouse, la superficie susceptible d'être arrosée, sur la rive gauche de la Garonne, est de 42 000 hectares, dont le quart est affecté à la culture de la vigne. Dans le projet on a admis que la quantité effectivement arrosée ne serait, dans les premiers temps, que de 14 000 hectares, et le débit a été fixé, par suite, à 10 mètres cubes par seconde à la prise d'eau; toutefois, en prévision d'un développement plus considérable dans l'avenir, on a disposé la prise d'eau et la section du canal de manière à pouvoir porter ce débit à 15, mètres cubes, quantité suffisante pour 20 000 hectares.

Le canal principal, qui se termine à Toulouse, après un parcours de 70 kilomètres, est aujourd'hui complètement achevé. La longueur des canaux secondaires projetés est de 450 kilomètres, dont le tiers environ est exécuté.

Grâce à la création de ce canal, les terres labourables de la vallée de la Garonne, qui, avec la culture du blé et du maïs, arrivaient autrefois à un revenu net de 60 à 80 francs par hectare, donnent aujourd'hui, avec la culture des prairies et des fourrages, un revenu supérieur à 300 francs, c'est-à-dire 4 à 5 fois plus considérable; leur valeur vénale est passée de 2000 francs à 7500 ou 8000 francs. Le capital dépensé pour le nivellement du sol, le tracé des rigoles, les frais de fumure et d'ensemencement, qu'entraîne la transformation en prairies, peut être évalué, en moyenne, à 450 ou 500 francs par hectare.

Dans le bassin du Rhône, le canal d'irrigation dont la création est la plus récente est le canal de la Bourne.

Ce canal a été ouvert en vue de fertiliser, par irrigation, la plaine de Valence, qui s'étend au sud de l'Isère, entre le Rhône et les derniers contreforts de la chaine des Alpes, et qui comprend une superficie arrosable de 22 000 hectares. Cette plaine, dont le sol est formé d'alluvions, était susceptible d'une très riche culture, mais elle manquait à peu près complètement d'eau et les récoltes étaient souvent compromises par une sécheresse de plusieurs mois consécutifs. Aussi, depuis le commencement du siècle, a-t-on cherché, par de nombreuses études, les moyens d'amener les eaux sur cette plaine. Les premières études faites dans ce but, en 1811, par l'ingénieur Lesage, avaient fait reconnaitre que, de tous les cours d'eau qui coulent au nord de Valence, la Bourne, affluent de l'Isère, était le seul qui pût fournir, à l'étiage, un débit de 7 mètres cubes par seconde, en rapport avec l'étendue de la surface à irriguer et que, d'un autre côté, la prise d'eau devait être établie près de Pont-en-Royans, à plus de 40 kilomètres de Valence, avec relèvement du niveau de la rivière par un barrage. Les études ultérieures n'ont fait que confirmer les idées de Lesage.

Les travaux d'établissement et d'exploitation concédés, en 1874, à une société locale, sont aujourd'hui très avancés.

La construction du canal principal, dont le développement atteint 51 kilomètres, a présenté, sur une partie de son parcours, d'assez grandes difficultés.

Le barrage de prise d'eau, établi à 1800 mètres en aval de Pont-en-Royans, sur un point de la vallée encaissé par des escarpements de rochers, de 12 à 15 mètres de hauteur, est disposé de manière à relever de 10 mètres le niveau d'étiage de la Bourne. Sur les vingt premiers kilomètres, le canal est établi presque partout à flanc de coteau; il franchit un grand nombre de ravins escarpés, et sa construction a exigé de nombreux ouvrages d'art. C'est ainsi que, sur cette longueur, on compte quatre kilomètres de tunnels, deux ponts-aqueducs, dont le plus important, celui de Saint-Nazaire, n'a pas moins de 235 mètres de longueur, avec une élévation de 35 mètres au-dessus de l'étiage de la rivière qui passe au-dessous, de longues tranchées de 10 à 12 mètres de profondeur, etc. « Quand on parcourt pour la première fois ces vingt kilomètres, dit M. de Passy, en suivant le tracé du canal tel qu'il est exécuté aujourd'hui, quand on voit ce sol bouleversé par les révolutions du globe, ces rochers abrupts dont le sommet se perd dans les nuages, ces ravins profonds qui se succèdent à des distances très rapprochées et qui forment autant de précipices, on est saisi de vertige; on s'étonne d'une idée aussi hardie et l'on s'incline avec admiration devant le génie qui l'a conçue et dont l'énergique volonté est venue affirmer, soixante ans auparavant, la réalisation pratique d'une entreprise qui semble défier Dieu ! »

La dépense pour le canal principal a atteint près de 5 millions; elle a été couverte par la subvention de l'État (2 900 000 fr.) et le capital de 2 millions souscrit par les actionnaires de la société. Pour les 6 canaux secondaires, dont le développement est de 71 kilomètres et les petits canaux tertiaires, dont l'ensemble constitue le réseau de distribution des eaux sur la plaine, la dépense est évaluée à 3 millions. La dépense totale serait, d'après cela, de 8 millions, auxquels il convient d'ajouter une somme presque égale pour la mise en état des terrains destinés à être arrosés.

En regard de ce chiffre de 15 à 16 millions, il convient de placer la plus-value que la plaine de Valence doit retirer de ces travaux, plus-value qui, suivant les évaluations les plus modérées, doit être fixée à 30 millions au moins.

Dans le bassin du Rhône, un autre canal non moins remarquable que le précédent est le canal du Verdon, qui a pour objet l'irrigation de la commune d'Aix et des communes environnantes, la mise en jeu d'usines et la distribution d'eau potable.

Le Verdon se jette dans la Durance, à 10 kilomètres environ à l'amont du défilé de Mirabeau; il a sa source dans les versants élevés des Alpes. Son débit, qui se réduit à 10 mètres cubes par seconde à l'étiage (aux plus basses eaux), s'élève à plus de 1200 dans les grandes crues.

Le lit de la rivière se trouve fréquemment encaissé entre des roches calcaires taillées à pic, sur des hauteurs de 50 à 60 mètres. C'est à l'extrémité d'une de ces gorges profondes, près du village de Quinson (département des Basses-Alpes) que se trouve la prise d'eau, destinée à alimenter le canal du Verdon, dont le débit a été fixé à 6000 litres par seconde. La longueur de la branche mère de ce canal est de 82 075 mètres.

La prise d'eau est surélevée au moyen d'un barrage de près de 12 mètres de hauteur, établi en un point où la gorge a une largeur de 36 mètres seulement.

La partie la plus remarquable du canal est celle qui correspond à la traversée des gorges du Verdon, sur une longueur de 8 kilomètres. Le canal, tantôt en souterrain, tantôt soutenu par des murs contre des rochers à pic, n'est accessible qu'au moyen d'un sentier, ici creusé dans le roc, là formé de planches soutenues par des consoles en fer scellées dans la pierre. Les souterrains, au nombre de 61, représentent ensemble une longueur de 3085 mètres.

En dehors de ces gorges, le canal du Verdon a exigé l'établissement de 20 souterrains, d'une longueur totale de 16 236 mètres, de 3 ponts-aqueducs, 4 grands siphons, 3 ponts par-dessous, 95 passages par-dessus et enfin 6182 mètres de murs de berges.

Les siphons présentent certains détails de construction très intéressants. Le siphon de Saint-Paul, par exemple, qui a été installé pour traverser une vallée de 293 mètres de largeur et de 36 mètres de profondeur au-dessous du plafond du canal, est constitué par 2 tuyaux en tôle, de $1^m,75$ de diamètre, établis parallèlement l'un à l'autre, dans une direction perpendiculaire à la vallée. Chaque tuyau se compose d'une partie horizontale de 98 mètres de longueur, comprise entre deux parties inclinées aboutissant, à leurs extrémités, à des puisards indépendants. A chacun des points de raccordement du tuyau horizontal avec les parties inclinées se trouve un support fixe en tôle, qui s'appuie sur un massif en pierre de taille; les autres supports reposent, au moyen de rouleaux de friction, sur des dés en pierre. Les parties droites comportent une série d'appareils de dilatation, disposés **en forme de soufflets.**

Les branches de dérivation, au nombre de huit, ont, comme la branche mère, exigé de nombreux ouvrages d'art, dont les plus importants sont : le pont-aqueduc de Calèche, d'une longueur de 1116 mètres, sur la branche de la rive gauche de la Touloubre, et le siphon de l'Arc, de 940 mètres de développement, sur la branche des Milles. Le nombre des ouvrages d'art de moindre importance dépasse huit cents.

La superficie que peut arroser le canal du Verdon est de 18 000 hectares, tant dans la commune d'Aix que dans les communes environnantes. Le profil en long des branches de dérivation est coupé par un grand nombre de chutes, destinées à produire des forces motrices. La puissance totale de ces chutes ne représente pas moins de 1900 chevaux-vapeur, dont le tiers environ peut être utilisé à Aix même. Ces forces motrices présentent pour l'industrie un très grand intérêt, tant au point de vue de l'économie qu'à celui de la régularité.

L'ensemble des dépenses faites pour l'établissement du canal de Verdon ne représente pas moins de 15 millions.

En dehors de ces canaux d'irrigation, dont l'exécution est aujourd'hui presque complète, il convient de mentionner les vastes projets à l'étude pour l'irrigation d'un certain nombre de départements du midi, compris dans le bassin du Rhône.

Les départements de l'Isère, de la Drôme et de Vaucluse, sur la rive gauche de ce fleuve, ceux du Gard, de l'Ardèche et de l'Hérault, sur la rive droite, ont été, depuis quelques années, cruellement éprouvés. La maladie des vers à soie, le phylloxera, la découverte des couleurs dérivées de la houille ont amené la ruine de leurs industries agricoles, jadis si prospères. Tout en cherchant à tirer le meilleur parti possible des remèdes proposés pour combattre les redoutables fléaux qui les ont atteints, les agriculteurs de ces régions ont bien vite compris qu'une transformation, au moins partielle, de leurs cultures pouvait seule leur donner la sécurité de l'avenir. L'eau étant la base essentielle de cette transformation, en même temps qu'un sérieux élément de résistance contre le phylloxera, c'est aux moyens de l'obtenir, en grande quantité, qu'on a dû songer tout d'abord. Le Rhône, qui traverse le Midi dans toute sa longueur, se trouvait naturellement indiqué pour l'alimentation des canaux de dérivation à établir. Aussi, depuis dix ans, de nombreuses études ont-elles été faites par les ingénieurs les plus compétents pour arriver à déterminer les tracés de ces canaux, dans les meilleures conditions d'exécution et d'économie. Mais, en raison de la nature des terrains à traverser, de la diversité des besoins à satisfaire, et surtout des dépenses énormes que comportent les divers projets présentés, aucun d'eux n'a été jusqu'ici adopté définitivement et le fleuve continue à rouler inutilement ses eaux vers la mer, pendant que les campagnes du Midi restent désolées par la sécheresse. Toutefois, la question présente un tel intérêt qu'une solution définitive ne saurait se faire longtemps attendre, et il nous paraît, dès lors, intéressant de résumer, en quelques lignes, l'économie des principaux projets proposés.

Dans le premier projet, qui date de 1874, M. l'Ingénieur en chef Dumont proposait d'emprunter dix mètres cubes au Rhône, près des roches de Condrieu, et vingt-cinq à l'Isère, près de Romans. De ces trente-cinq mètres cubes, réunis dans un canal unique, douze seulement devaient être affectés, par un canal secondaire, aux irrigations de la rive gauche, tandis que le surplus, soit vingt-trois mètres cubes, devait être transporté sur la rive droite et dirigé vers Nîmes, Montpellier et Béziers. Dans le projet primitif, la traversée du Rhône devait s'effectuer à Mornas, au moyen d'un siphon gigantesque ; ultérieurement, M. Dumont a proposé de reporter la traversée à Viviers et de remplacer le siphon par un pont-aqueduc.

A ce projet, qui avait l'inconvénient d'établir, sans né-

cessité réelle, une solidarité entre les irrigations sur les
deux rives, M. Chambrelent en a substitué un autre,
dans lequel les services des deux rives sont supposés complètement distincts. La rive gauche serait arrosée par un
canal qui emprunterait douze mètres cubes à l'Isère, près
de Romans, ou au Rhône, à Saint-Vallier, et qui les dis-
tribuerait à travers les départements de la Drôme et de
Vaucluse. Pour le service de la rive droite, une prise directe de vingt-trois mètres cubes serait faite au Rhône,
à Cornas, en face de l'embouchure de l'Isère, et irait re-
joindre le tracé Dumont à Vénéjean par un canal de cent
quinze kilomètres. Le projet comporte, en outre, pour
la zone inférieure de la rive droite, un service spécial,
alimenté par un troisième canal, dit de la Cèze, emprun-
tant douze mètres cubes au Rhône.

L'ensemble de ces trois canaux fournirait ainsi l'énorme
quantité de quarante-quatre mètres cubes par seconde.
Le total des dépenses à faire, y compris celles de l'établissement des distributions pour les villes, des canaux
secondaires et tertiaires, les pertes d'intérêts, etc., a été
évalué à 240 millions.

La commission du Sénat, chargée de l'examen du projet, a constaté que, de Cornas à Vénéjean, sur 115 kilomètres, le canal ne donnerait lieu à aucune utilisation
et qu'il serait, en outre, d'une construction extrêmement
difficile. Dans ces conditions, elle a pensé qu'il y aurait
avantage à substituer à l'alimentation naturelle, par le
canal de dérivation de Cornas, une alimentation artificielle par machines. L'atelier de la force motrice serait
placé à l'île Saint-Georges, en face de Vénéjean. Les vingt-
trois mètres cubes, pompés par les machines, devant être
élevés à la hauteur de cinquante-trois mètres, le travail
utile serait de 16 253 chevaux-vapeur, lequel, en tenant
compte des pertes dues aux pompes, aux conduites de
refoulement, etc., exigerait une force motrice de 19 500
à 20 000 chevaux.

La commission a été également d'avis qu'une solution analogue devait être étudiée pour le canal de la Cèze.

Un des avantages incontestables de l'alimentation artificielle, c'est qu'elle peut s'exécuter partiellement. On peut n'installer, au début, que le tiers ou le quart des machines prévues et ne faire ainsi que le tiers ou le quart des dépenses, quitte à accroître successivement le nombre des machines, suivant les exigences de la culture.

Dans les deux solutions que nous venons d'indiquer, l'irrigation se ferait exclusivement au moyen des eaux empruntées au Rhône, sans utiliser en rien les ressources que peuvent fournir, dans leurs bassins respectifs, les nombreux cours d'eau qui traversent les vallées à arroser. Ces cours d'eau, dont les principaux sont l'Ardèche, le Gardon, la Vidourle, l'Hérault, l'Orb et l'Aude, sont, il est vrai, à régime essentiellement torrentiel, et les écarts entre les débits d'étiage et ceux des crues sont très prononcés, mais ils sont cependant susceptibles de fournir, par dérivation, un certain nombre de mètres cubes. En admettant le principe de l'utilisation des cours d'eau régionaux et celui de l'élévation mécanique, un ingénieur de Lyon, M. Léger, a dressé un nouveau projet qui, pour la même quantité d'eau fournie, conduirait à une dépense notablement moins élevée que les précédents. La force motrice nécessaire pour l'alimentation artificielle est évaluée, dans ce projet, à 18 200 chevaux, répartis entre cinq ateliers distincts.

Dans le bassin de la Loire, le seul canal d'irrigation de quelque importance qui ait été exécuté jusqu'ici est le canal du Forez, destiné à arroser toute la partie de la plaine située sur la rive gauche de la Loire, en amont du Lignon.

Le canal principal prend les eaux de la Loire au milieu des gorges de Saint-Victor, à Joannade, passe près de Saint-Rambert et de Montbrison, et se termine au moulin

Chazal, sur la rive droite du Lignon. Sur ce canal s'embranchent onze artères, pour conduire les eaux jusqu'aux points les plus élevés de la plaine, d'où elles sont dirigées par des rigoles vers les propriétés à arroser.

La superficie totale sur laquelle les eaux du canal pourraient être distribuées est de 26 000 hectares; mais, on a admis que 10 000 hectares seulement seraient transformés en prairies, pour lesquelles on dispose, en basses eaux, de 5 mètres cubes. Les dimensions du canal ont, d'ailleurs, été établies de telle sorte que ce débit puisse être facilement porté à plus de 10 mètres cubes, lorsque la Loire a suffisamment d'eau.

Dans ces dernières années, une société s'est constituée pour l'établissement d'un grand canal de navigation et d'irrigation, qui serait alimenté par une prise de 18 mètres cubes d'eau par seconde dans la Loire, au-dessus de Cosne. Ce canal se bifurquerait au-dessus d'Orléans; une des branches formerait jusqu'à Angers un canal latéral à la Loire, tandis que l'autre traverserait la Beauce, qu'elle irriguerait et amènerait à Paris 500 000 mètres cubes d'eau par 24 heures, à la cote de 80 mètres au-dessus du niveau de la mer, cote suffisante pour permettre une distribution d'eau dans Paris.

Irrigations de la Campine. — On désigne, sous le nom de Campine, toute la région qui, sur les territoires belge et hollandais, occupe le vaste plateau compris entre les vallées de la Meuse et de l'Escaut. La Campine belge, proprement dite, est bornée au nord par la frontière hollandaise, à l'est et à l'ouest par les deux fleuves et, au sud, par une ligne passant à Anvers, Hasselt et Macseyck.

Le long des nombreux cours d'eau qui sillonnent la Campine, il existe des terrains de bonne qualité, livrés depuis longtemps à la culture; mais autour de ces oasis s'étendaient naguère de véritables déserts de sable, dépourvus de toute végétation arborescente et coupés çà et là par des dunes se déplaçant progressivement sous l'action des vents.

L'utilité de défricher ces landes incultes avait, depuis plus d'un siècle, attiré l'attention des pouvoirs publics. Mais, par suite de diverses circonstances, cette œuvre importante resta longtemps sans recevoir aucun commencement d'exécution. Ce n'est guère qu'à partir de 1830 que le gouvernement belge commença à se préoccuper sérieusement de la situation et fit entreprendre une série d'études dans le but de doter la Campine d'un vaste système de canaux commerciaux et agricoles.

Quelques années plus tard, à la suite de ces études, l'ingénieur en chef Kummer fut chargé de la construction d'un vaste canal de jonction de la Meuse à l'Escaut, qui s'embranche à Bocholt sur celui de Maëstricht à Bois-le-Duc et qui aboutit à Anvers. De cette grande artère, qui a un développement de 91 kilomètres, partent trois embranchements qui réunis ont une longueur de 105 kilomètres. Tous ces canaux sont alimentés par la Meuse, au moyen des prises d'eau de Hocht et de Maëstricht. La flottaison des biefs successifs a été établie de manière à dominer, autant que possible, les terrains traversés, afin que l'on puisse utiliser les eaux à l'arrosage d'une vaste étendue de bruyères, la création de prairies irriguées ayant été reconnue comme le moyen le plus pratique pour arriver à la fertilisation de la Campine. En 1847, une loi sur les défrichements consacra le principe de l'expropriation des bruyères communales pour cause d'utilité publique et donna au gouvernement les pouvoirs nécessaires pour poursuivre la grande œuvre d'amélioration qu'il avait entreprise.

L'exemple donné par l'État imprima une rapide impulsion à la mise en valeur des bruyères, et bientôt les demandes de concession d'eau affluèrent de toutes parts.

Aujourd'hui la Campine peut être considérée comme entièrement transformée.

En résumé, la grande œuvre de fertilisation de la
Campine, commencée en 1846, a assuré la transformation de près de 3000 hectares de bruyères, qui
valaient à peine autrefois 400 000 francs et qui représentent aujourd'hui une valeur de plus de dix millions.
A ce chiffre, il convient d'ajouter la valeur des peupliers
et des saules plantés le long des rigoles et qui peut être
évaluée à 1 600 000 francs.

Irrigations dans l'Inde. — Dans l'Inde, sous un climat
brûlant, des arrosages fréquents et bien ordonnés sont
indispensables à l'agriculture. Aussi la pratique de cet
art remonte-t-elle à une haute antiquité, constatée par la
loi de Manou, les épopées sanscrites et par les ruines de
certains travaux hydrauliques.

Diodore de Sicile parle, en différents endroits, des arrosages du sol par des canaux dérivés des rivières.

Strabon, après avoir signalé la culture des rizières
comme exigeant des arrosages fréquents, dans la Bac-
triane et la Babylonie, dit, en parlant de l'Inde : « Les
magistrats ont l'inspection des fleuves, de l'arpentage
des terres et des canaux, fermés par des écluses, pour
contenir l'eau nécessaire aux arrosements et la distribuer
également à tous les cultivateurs, comme cela se pratique
en Égypte. »

En effet, on trouve dans la loi de Manou, parmi les
notables de la bourgade, le distributeur des eaux pour
l'arrosement.

L'irrigation ne s'opérait pas toujours par des canaux
dérivés des rivières. Chaque pagode avait son réservoir
destiné aux purifications; mais, lorsque les besoins du
culte étaient satisfaits, on livrait généralement l'excédent
des eaux à l'agriculture.

Il est assez probable que les brahmanes tiraient un bon
parti de ces concessions. L'existence de ces réservoirs

ou étangs artificiels était inséparable d'une culture étendue et productive. Il y en avait un nombre très considérable dans toutes les parties de l'Inde. Quelques-uns étaient très grands et avaient jusqu'à 8 ou 10 kilomètres de circuit.

A l'époque de la conquête anglaise, tous ces travaux hydrauliques, pour la plupart, tombaient en ruine, et l'on ne saurait assez admirer la persévérance et l'énergie avec lesquelles l'Angleterre a travaillé au développement des arrosages indiens et poursuivi l'exécution de travaux immenses, qui seront le plus grand monument de la civilisation britannique dans ces contrées lointaines.

Parmi ces grandes entreprises figure, en première ligne, le canal du Gange, qui a été exécuté sous la direction de l'habile ingénieur sir Proby Cautley.

Le passage suivant, que nous empruntons au journal d'un voyageur bien connu, Victor Jacquemont, est de nature à faire comprendre l'importance des arrosements dans la contrée que traverse le canal du Gange :

« L'hiver, dans le nord de l'Inde, est généralement si sec, et la nature très sablonneuse du sol y rend cette sécheresse si contraire à la végétation, qu'on n'y obtient guère deux récoltes en un an, sur le même terrain, que par le secours des irrigations.

La récolte d'été est toujours assurée par les pluies périodiques du solstice. Mais celle de l'hiver, livrée aux chances des saisons, est si précaire, qu'il y a peu de lieux où l'on se résigne à ensemencer, à moins qu'on ne puisse arroser. »

Depuis longtemps, comme nous l'avons dit, il existait de nombreux puits ou réservoirs, établis dans les parties basses, d'où l'eau était élevée, au moyen de machines simples, dont la plus ancienne est désignée par les Indiens sous le nom de *Picota* ou *Kuppilaï*; mais on n'obtenait ainsi, au prix de grandes fatigues, que des quantités d'eau bien faibles, eu égard aux besoins de l'agriculture, et le gouvernement anglais a eu l'heureuse idée de profiter de la disposition générale du pays, pour produire des irrigations plus régulières et en réalité beaucoup moins dispendieuses.

C'est dans ce but qu'il a fait reconstruire d'abord plusieurs canaux, anciennement ouverts par les souverains mahométans de l'Inde et abandonnés depuis des siècles; les deux principaux sont sur les rives de la rivière de la Jumna, située sur le versant méridional de l'Himalaya, et qui parcourt la vaste contrée du Népaul.

Grâce à l'ouverture de ces deux canaux, les cultures d'hiver ont pu, non seulement être reprises avec avantage, mais encore de vastes superficies ont été défrichées et de riches cultures ont remplacé de maigres potagers sur tout le territoire arrosé.

En présence de ces merveilleux résultats, les Anglais n'ont pas hésité à construire un canal gigantesque à plusieurs branches, destiné à porter les eaux du Gange sur la vaste contrée du Doab, comprise entre les collines Sewaliques, le Gange et la Jumna.

La prise d'eau de ce canal a été faite sur un bras secondaire du Gange, près de la ville de Hurdward. Deux barrages mobiles, l'un sur le canal, l'autre sur le bras du fleuve, permettent de régler l'introduction de l'eau.

Après un parcours de près de 300 kilomètres, ce canal se divise en deux branches, dont l'une va se jeter dans la Jumna, l'autre dans le Gange, à Cawnpoor.

La longueur totale du tronc et des deux branches est de 840 kilomètres.

Trois autres branches dont l'exécution est ajournée compléteront ce vaste système d'irrigation et porteront la longueur totale à 1430 kilomètres environ. L'étendue de la surface arrosée dépassera 1 800 000 hectares.

L'exécution des travaux a donné lieu à d'immenses difficultés. Ici, c'était un torrent qu'il fallait isoler, en re-

levant les eaux au moyen d'un barrage, là, une montagne
à traverser, plus loin une vallée à franchir sur un remblai de plusieurs kilomètres. Aussi les travaux d'art sont-
ils excessivement nombreux; sans parler des digues,
on compte 902 ponts, 297 ponceaux, 16 chutes,
21 écluses et pertuis navigables. La dépense a dépassé le
chiffre de 40 000 000 de francs, bien que, dans l'Inde,
la main-d'œuvre ne soit guère que le dixième de ce
qu'elle est en France.

L'eau est distribuée aux terres voisines du canal par
l'intermédiaire de canaux secondaires ou rajbuhos et
de rigoles. Pour comprendre leur rôle, prenons pour
terme de comparaison la distribution d'eau d'une ville.
L'eau est réunie dans des réservoirs et, de là, dirigée,
jusqu'aux extrémités, par des conduites principales, sur
lesquelles prennent naissance des conduites secondaires
qui correspondent aux diverses rues; des tuyaux de réserve portent l'eau aux maisons.

Dans le système d'irrigation qui nous occupe, le tronc
et les grandes branches jouent le rôle de réservoir, les
rajbuhos correspondent aux conduits secondaires et les
rigoles de villages aux tuyaux de service. Les rajbuhos
sont donc les intermédiaires entre le canal et les rigoles.
Le succès de la distribution dépend, par suite, de leurs
tracés, des dispositions de leurs prises d'eau, eu égard,
non seulement au débit qu'ils doivent avoir, mais encore
à la superficie des terrains qu'ils sont destinés à arroser.

Dès les premières années, l'entreprise du gouvernement anglais a donné des résultats excessivement remarquables. Aujourd'hui les revenus directs du canal et de
ses dépendances s'élèvent chaque année à plus de 2 millions, et les revenus indirects, résultant de la plus-value
de l'impôt foncier, sont cinq fois plus considérables.
Ainsi, pour une dépense totale de 40 millions, le gouvernement en reçoit douze chaque année, en d'autres

termes, le capital, engagé dans la canalisation du Gange, lui produit un intérêt de 50 pour 100. Il est difficile d'imaginer une opération plus fructueuse, surtout si l'on veut bien remarquer que, du même coup, la richesse du pays s'est trouvée augmentée dans d'immenses proportions. Puisse l'exemple de ce double bienfait conduire à de nombreuses imitations !

Le canal du Gange n'est pas seulement destiné à l'irrigation ; il est disposé de manière à servir à la navigation sur toute sa longueur ; entre Hurdward et Cawnpoor, il remplit le rôle de canal latéral, offrant une voie sûre et facile, qui remplace avantageusement celle du fleuve, dont le parcours est rendu très pénible dans cette partie, par suite de la présence des bas-fonds et des rapides.

Enfin ce canal, qui reçoit les eaux sacrées du Gange, offre une troisième destination, que les Hindous ne regardent pas comme la moins importante.

Il doit servir aux innombrables ablutions que commande impérieusement la loi religieuse du pays. A cet effet, en plusieurs points du canal, d'immenses escaliers, nommés ghauts, dont quelques-uns n'ont pas moins de 4000 mètres de longueur, ont été établis sur les rives du fleuve avec des Bytucks, c'est-à-dire de petites tours en maçonnerie, dans lesquelles les faquirs se tiennent, à l'époque des purifications, pour faire les prières et provoquer les aumônes. Dans son voyage sur l'Hougly, entre Calcutta et Chandernagor, Victor Jacquemont, que nous avons déjà cité, donne sur la manière dont se font les ablutions religieuses d'intéressants détails, que nous croyons devoir reproduire :

« Le soleil s'était levé et sur les ghauts, qui descendent au bord du fleuve, je voyais la foule des Hindous faire leurs ablutions du matin. Je m'approchai de la rive pour observer ces groupes pittoresques. Quelques-uns de ces ghauts, construits nouvellement, sont d'un style grec assez élégant ; c'est un large escalier, assis sur les bords du fleuve et dont les marches descendent jusqu'aux plus basses eaux. Au sommet est une sorte de péristyle porté sur des colonnes légères et qui offre un abri contre la pluie et le soleil. »

Plus loin, le même voyageur dit, en parlant des ghauts établis à Bénarès, où le Gange a une grande profondeur :

« Les dévots hindous se noieraient par centaines tous les matins, s'ils n'avaient pas ces marches solides pour entrer dans l'eau, et la piété et l'orgueil en ont couvert la rive du fleuve. Les gens riches ont, outre ces populeux parterres de baigneurs et de baigneuses, des loges grillées où ils descendent de leur palanquin dans l'eau courante; c'est une des propriétés les plus aristocratiques que l'on puisse avoir à Bénarès.

« Près de quelques ghauts sont des brahmanes sur une aire de terre battue et enduite chaque jour de fumier de vache. Ils font dire leurs prières aux Hindous qui viennent s'y purifier et les barbouillent de couleur sur le front et sur les tempes, chacun selon sa caste. »

Le Gange est sacré pour les Hindous, surtout près d'Hurdward, où le fleuve verse sur le territoire de l'Hindoustan les eaux vives des neiges de l'Himalaya. Aussi les pèlerins affluent-ils dans cette ville pendant le mois de Chraitra, consacré aux purifications.

Les purifications commencent au moment où le soleil entre dans le signe des Poissons, et comme la priorité du bain est d'une très grande importance au point de vue religieux, à l'instant précis fixé par les astronomes indiens, que ce soit le jour ou la nuit, une foule nombreuse se précipite à l'eau. Que de pèlerins étouffés ou noyés dans le désordre qu'amène cet empressement! En 1819, l'enthousiasme insensé de ces fanatiques causa un tel désordre que plus de cinq cents personnes perdirent la vie.

Les gens sages et riches évitent les foules et entrent dans le fleuve entre deux brahmanes qui les soutiennent,

les dirigent et les immergent avec les prières et les céré-
monies prescrites; mais, en général, les pèlerins plongent
sans être assistés, hommes et femmes confondus ensemble.

Tous les douze ans, une grande fête religieuse attire
un concours exceptionnel. On n'évalue pas à moins de
2 millions le nombre des pèlerins qui se rendent à Hurdward pour cette fête, à l'époque des purifications.

Le grand ghaut de Hurdward.

L'inégalité de profondeur de l'eau présentait autrefois
de grands dangers; avec le canal, ce grave inconvénient
a disparu, et une grille de fer, placée dans l'eau, à
45 mètres de la rive, empêche les imprudents d'être en-
traînés par les eaux.

Envisagée simplement au point de vue religieux, la
construction du canal du Gange a, pour la domination
anglaise, une très grande importance; cette condescen-

dance aux usages religieux du pays conquis aura pour
résultat inévitable de paralyser les efforts des fanatiques
et d'assurer, par suite, mieux qu'une puissante armée,
la paix et la prospérité de cette immense contrée, dont
les habitants sont trois fois plus nombreux que ceux
réunis de l'Angleterre, de l'Écosse et de l'Irlande.

§ 2

Colmatage. — Définition. — Puissance colmatante des principaux
fleuves. — Colmatages d'Italie, de France. — Canal d'Adam de
Crapponne. — Colmatage de la Crau.

Dans le cas où les eaux d'irrigation agissent surtout
par les matières solides qu'elles tiennent en suspension
et qu'elles déposent sur le sol, lorsque leur vitesse se
ralentit, elles déterminent une opération spéciale, le
colmatage, du mot colmare (combler) qui la désigne en
Italie, où elle est epuis longtemps en usage.

  Dans la nature, les eaux tendent sans cesse à niveler la
surface du sol ; suivant une expression caractéristique,
elles enlèvent aux montagnes leur chair pour la déposer
dans les parties basses des vallées ou l'entraîner jusqu'à
la mer. Cet enlèvement s'opère suivant des lois parfaitement définies : « L'eau exerce sur les formations géologiques qui la recueillent, ou à travers lesquelles elle se
fraye un passage, une action destructive constante, dont
l'énergie est augmentée par la richesse des eaux de pluie
en carbonate et en azotate d'ammoniaque. A côté de cette
action chimique, interviennent les actions mécaniques,
dues au mouvement et à la désagrégation produite par
les alternatives de chaleur et de froid. Les roches ainsi
divisées se trouvent en partie dissoutes, et en partie entraînées avec les eaux des montagnes vers les plaines.

Cet effet de corrosion des parties élevées, au profit des parties plus basses, se fait sans jamais s'interrompre. Suivant la hauteur de chute de l'eau, la ténacité ou la résistance des matières attaquées, les dépôts se produisent à une distance plus ou moins grande du point de départ. Les parties les plus grossières et les plus denses, qui se meuvent surtout au fond des courants, se séparent les premières, à l'état de galets, de cailloux roulés, de gravier ou de sable. Les parties plus fines ou plus ténues restent en suspension dans la masse d'eau tout entière et sont entraînées jusqu'à l'embouchure du fleuve, où l'eau, perdant sa force vive, et le courant diminuant, ces matières se déposent et donnent naissance à ces vastes formations d'alluvions, connues sous le nom de delta[1]. »

Ces masses énormes de matières fertilisantes dont les eaux des fleuves sont chargées, et qui vont se perdre dans la mer, l'homme peut en tirer parti, en provoquant artificiellement leur dépôt sur des sols arides.

La puissance colmatante des différents fleuves est naturellement variable avec la proportion des matières tenues en suspension. Le Gange entraîne annuellement à la mer 42 millions de tonnes de matières solides; avec cette quantité on pourrait colmater 8 à 9000 hectares, à raison de 500 kilogrammes de matières par mètre carré. Le Mississipi, qui contient 800 grammes d'éléments fixes par mètre cube, conduit par an, à la mer 220 millions de mètres cubes de matières solides. Pour le fleuve Jaune, cette quantité s'élève à 1 milliard de mètres cubes.

La moyenne annuelle, pour la Durance, est, en éléments fixes, de 1450 grammes par mètre cube, ce qui, pour un débit total de plus de 12 milliards de mètres cubes, donne un poids de 18 millions de tonnes de matières solides, permettant de colmater plus de 5000 hectares.

1. Debize et Mérijot. — *Chimie technologique.*

Les eaux du Var sont notablement plus chargées que celles de la Durance ; le poids des matières solides est de $5^k,60$ par mètre cube, c'est-à-dire deux fois et demie plus fort.

En principe, quelle que soit la richesse des eaux employées, toutes les opérations de colmatage consistent à faire arriver les eaux troubles sur le terrain qu'il s'agit de transformer, en leur donnant une vitesse aussi faible que possible, de manière à leur permettre d'abandonner la plus grande partie des matières tenues en suspension, puis à faire écouler les eaux éclaircies pour recommencer ensuite la même série d'opérations, jusqu'à ce qu'on soit arrivé à l'épaisseur de dépôt qu'on considère comme suffisante.

Le terrain à colmater est entouré d'une espèce de digue, coupée d'un côté pour recevoir le canal d'amenée et interrompue, du côté d'aval, par une ouverture garnie de poutrelles, qui forment un barrage provisoire, communiquant avec un canal de décharge. Ces poutrelles sont disposées de manière à pouvoir être enlevées successivement pour faire écouler par déversement les eaux éclaircies.

Pour les rivières à marée, comme celles qui se jettent dans l'Océan, la digue d'enceinte est percée de canaux éclusés, munis de vannes ou même de portes à flot, qu'on manœuvre, en temps utile, pour introduire les eaux chargées de limons à marée haute et faire sortir les eaux éclaircies à marée basse.

Colmatages d'Italie. — C'est en Italie qu'on trouve les applications les plus anciennes du colmatage artificiel. Une des plus heureuses est celle qui a été faite dans le Val de Chiana.

Le val de Chiana, qui s'étend sur une longueur de 85 kilomètres et une largeur de 5 kilomètres, commence à Avezzo, sur l'Arno, pour finir près d'Orvieto, à une faible distance du Tibre. « Ce pays, dit M. Baumgarten, était florissant dans l'antiquité; mais, abandonné à lui-même au temps des guerres civiles du moyen âge, il se transforma en marécage. A une certaine époque, on observa que les affluents de la Chiana, par le dépôt des vases qu'ils charriaient, produisaient un exhaussement de ces terrains marécageux, et on eut l'idée de tirer parti de cette circonstance pour les améliorer. Au dix-septième siècle, l'assainissement du val de Chiana donna lieu à la discussion entre les hydrauliciens de l'époque, Galilée, Castelli et Torricelli. Ce dernier préconisa le système du colmatage dont l'application produisit dans le val de merveilleux effets, et, en 1740, le pays était renommé par la richesse de sa culture qui donnait les fruits les plus recherchés. Toutefois, au bout d'un certain temps, on finit par se trouver dans l'embarras pour faire écouler, sans inconvénients, les eaux des affluents qui continuaient à charrier un limon dont on n'avait plus besoin. Pour remédier à cette situation, on s'est décidé à créer, à droite et à gauche du lit principal de la Chiana, un lit séparé pour recevoir toutes les eaux troubles des affluents, qui ne se réunissent ainsi à la Chiana qu'à l'extrémité du val, à Porto a Cesa, de telle sorte qu'en amont de ce point la Chiana ne reçoit que des eaux claires et en faible quantité; les deux dérivations latérales sont chargées de débiter toutes les eaux troubles.

Parmi les autres opérations importantes de colmatage exécutées en Italie, il convient de mentionner encore celle du marais de Castiglione, qui a eu pour conséquence l'assainissement de la Maremme Toscane, cette partie du littoral de la Méditerrannée, qui s'étend de la limite des anciens États pontificaux jusqu'à quelques kilomètres de Livourne. Cette opération, qui s'est effectuée au moyen des eaux chargées de limon de l'Ombrone, a permis d'assainir et de rendre à la culture plus de dix mille hectares de marais.

Colmatages en France. — En France, dans les vallées

du Var et de l'Isère, on trouve d'intéressantes applications du colmatage. Mais l'opération de ce genre qui
est, sans contredit, la plus importante correspond à la
création du canal de Crapponne, dérivé de la Durance. Ce
canal, qui date du milieu du seizième siècle, est l'œuvre
d'Adam de Crapponne, dont la vie, jusqu'ici peu connue,
a fait récemment l'objet d'une notice intéressante,
publiée dans les Annales des Ponts et Chaussées, par
M. F. Martin.

« Le nom même d'Adam de Crapponne, dit M. Martin,
est presque ignoré en dehors du lieu de sa naissance
et de la région qui, depuis trois siècles, s'enrichit du
fruit de ses travaux. La France a cependant produit peu
d'esprits aussi éminents, peu d'hommes qui aient donné
un plus bel exemple d'attachement inébranlable aux traditions de loyauté, de désintéressement et de droiture,
auxquelles les ingénieurs français sont toujours restés
fidèles.

« Né à Salon, vers 1525, Adam de Craponne fut, de très
bonne heure, attaché à la maison du roi Henri II, dont
il sut gagner la confiance ; c'est en 1548 qu'il reçut de
ce roi les lettres patentes lui accordant la concession
d'un canal dérivé de la Durance. La guerre l'appelle
sur ces entrefaites et recule le commencement des opérations jusqu'en 1554. Au mois d'août de cette année, un
arrêt de la Chambre des Comptes de Provence autorise
Adam de Crapponne, « à prendre l'eau en la rivière de
« Durance et à faire la prise escluse de ladicte eau au
« terroir de Janson pour la conduire et dériver par un
« béal et fossé de la largeur et profondité que verra lui
« être nécessaire...... jusques et au dedans du terroir de
« Saint-Chamaz, pour le vuider à la mer, et à faire et con-
« struire de ladicte eau moulins, angins d'eau, usages et
« autres utilités qu'il se pourra adviser de faire à son
« proffict. »

Le meilleur usage qu'on pouvait faire de ce canal était

le colmatage de la plaine de la Crau, dont nous empruntons également la description à M. F. Martin : « Il existe, au sud et à l'ouest de la chaîne des Alpines, une plaine qui s'étend jusqu'au Rhône; c'est la *Crau*. Cette vaste étendue de terrain était autrefois entièrement aride et brûlante; Strabon la désignait sous le nom de *terram horridam*; son aspect s'est beaucoup modifié, mais une partie de ce désert de cailloux subsiste encore, parsemé d'oasis et bordé de plaines fertiles.

« La géologie fait remonter les formations de la Crau à la période glaciaire. La masse de galets libres, ou renfermés dans une gangue de boue durcie qui la recouvre, est sans doute le résultat d'une de ces formidables débâcles qui bouleversaient alors les parties inférieures des bassins. Ce sont les matériaux accumulés dans les moraines et les terrasses de la vallée qui ont fourni les innombrables cailloux qui recouvrent la Crau. A cette époque, la Durance se jetait, non pas dans le Rhône, mais directement à la mer.

« La surface de la plaine de la Crau figure un cône de déjection, parfaitement dessiné dans la carte de l'État-Major. Il forme un vaste triangle, dont la base s'étend le long du Rhône et dont les côtés, partant du sommet du cône, vers Lamanou, sont occupés par les deux branches du canal de Crapponne. »

« Rien n'est plus triste que la Crau inculte, dit un des auteurs qui l'ont le mieux étudiée au point de vue géologique et agricole; on n'y voit pas un arbre, pas même un buisson, mais seulement des cailloux roulés formant une nappe continue d'une étendue indéfinie. On se croirait au milieu d'un désert de l'Afrique. En été, c'est à peine si l'on y aperçoit quelques graminées clair-semées et jaunies. Au seizième siècle, on comptait 55 000 hectares de ce terrain aride et désolé. »

La transformation de cette plaine en un sol fertile et boisé fut le problème qu'Adam de Crapponne entreprit

de résoudre, à l'aide du colmatage produit par les eaux
de la Durance. De toutes les rivières de France, la Durance est-celle qui convient le mieux pour une opération
de ce genre. Elle est formée, en effet, par la réunion d'une
série de torrents et de ruisseaux qui sortent, pour la
plupart, d'un calcaire marneux, feuilleté, noir, très
friable. La corrosion des flancs dénudés de ces montagnes produit d'énormes masses de boues, qui, longtemps roulées, mélangées aux détritus végétaux, se transforment en un limon assez riche, dans la partie inférieure de la vallée.

Adam de Crapponne avait compris tout le parti qu'on
pouvait tirer de la richesse de ce limon pour le colmatage de la Crau. A la suite de nombreuses opérations de nivellement, il avait reconnu qu'avec une prise
faite au pont de Cadenet, les eaux de la Durance pouvaient être amenées dans la plaine de la Crau, en traversant la plaine des Alpines par la coupure existant
près du village de Lamanou, et cela sans tunnel et sans
travaux d'art de quelque importance.

La prise sur la Durance pouvait seule présenter quelque
difficulté d'établissement, en raison des déplacements
que subit le lit de cette rivière à régime essentiellement
torrentiel. Avec son esprit éminemment pratique, Crapponne reconnut bien vite qu'il ne fallait pas songer à établir un ouvrage fixe dans un lit sujet à de continuelles
variations. La solution, aussi simple qu'ingénieuse, à
laquelle il s'arrêta, se réduit à l'établissement d'une
prise latérale sur un point de la rive correspondant à
une largeur normale de la rivière. Pour assurer son
alimentation, les eaux sont déviées sur la prise à l'aide
de barrages volants, établis dans les bras de la Durance.
Suivant la profondeur, ces barrages sont constitués par
de simples piquets retenant un cours de fascines, chargées
de cailloux, ou par des chevalets en bois, reliés par des
traverses et supportant également des fascines. Ces bar-

rages sont toujours établis dans une direction oblique par rapport au courant qui presse les fascines contre les pierres et les chevalets. Depuis trois siècles, l'exécution de ces travaux d'introduction des eaux n'a subi aucune modification et elle a toujours été confiée aux mêmes familles.

« L'idée d'appliquer les eaux de la Durance au colmatage de la Crau, dit M. Debauve, domine toute l'économie du projet de Capponne : la pente moyenne de son canal est assez forte pour que la vitesse de l'eau atteigne et dépasse même, à certains points, $2^m,50$ par seconde. Aussi les limons arrivent-ils aux points les plus éloignés du réseau des canaux de distribution. Cette vitesse, excessive pour un canal, rend inutile son curage, opération si onéreuse dans les autres canaux dérivés de la Durance, établis en vue des irrigations, avec des pentes beaucoup plus faibles. Il est évident que, si Crapponne avait construit son canal plus spécialement en vue des irrigations, il eût ménagé sa pente, de façon à arroser la plus grande surface possible de terrains situés à flanc de coteau, les seuls cultivés au seizième siècle dans toute cette région. Il n'en est rien ; la branche mère arrive au col de Lamanou juste au niveau du point le plus bas de ce col ; de là les branches secondaires divergent, en suivant à peu près les génératrices du cône de déjection qui constitue la Crau. Crapponne n'a dérogé à cette règle qu'en faveur de Salon, sa ville natale, dont il voulait faire profiter le territoire, dans toute la mesure du possible, du bienfait des arrosages. »

La branche mère du canal de Crapponne part, comme nous l'avons dit, du port de Cadenet, pour arriver au col de Lamanou, après un parcours de 33 kilomètres. Là, elle se divise en deux branches, sensiblement de même importance, celle d'Arles et celle de Salon.

La première branche, d'une longeur de 50 kilomètres, côtoie la Crau au Nord, arrive à Arles sur un aqueduc de cent-vingt arches et se jette dans le Rhône. A quelques kilomètres de Lamanou, la branche d'Arles alimente le canal d'Istres, qui, après avoir fait mouvoir une série d'usines assez importantes, vient se jeter dans l'étang de Berre.

La branche de Salon, à une faible distance de son origine, se divise elle-même en deux autres branches; l'une, qui conserve le même nom, vient se jeter dans la Touloubre, après avoir arrosé les territoires de Salon et de Grans; l'autre, celle de Pelissane, traverse la Touloubre par un pont-aqueduc et aboutit à l'étang de Berre, près de Saint-Chamas.

La longueur totale de la branche mère et des branches secondaires dépasse 145 kilomètres. Le débit, par seconde, est compris entre 12 et 15 mètres cubes. Adam de Crapponne, qui avait commencé les travaux de son canal en 1554, fut obligé de vendre tous ses biens pour les poursuivre. De toute sa famille, sa sœur, Jeanne de Crapponne, et son beau-père, Antoine de Cadenet, furent seuls à le soutenir et à lui venir en aide aux heures de découragement.

En 1557, la branche de Salon étant terminée, il essaya d'y mettre l'eau; mais tout le volume dérivé fut entièrement absorbé par les infiltrations et pas une seule goutte n'arriva jusqu'à Salon. C'était là un échec sérieux, qui semblait justifier les sombres prévisions qui avaient accueilli les débuts de l'entreprise. Mais, après quelques jours de découragement, Adam de Crapponne se remit courageusement à l'œuvre; à force de patience, il parvint à rendre étanches les parois de son canal et, lors de l'inauguration solennelle, qui eut lieu en 1559, les eaux arrivèrent à Salon en grande abondance. « Là, dit Nostradamus, tout le peuple assemblé, non pour voir enfanter une montagne avec moquerie et risée, mais comme au spectacle de quelque miracle nouveau, receut cette eau avec applaudissement, estonnement et joye autant incroyable qu'inespérée. En ce principalement que plusieurs sages avoient creu, voire mesmes semé, que Crapponne avait entreprins l'infaisable et l'impossible. »

Adam de Crapponne ne profita pas du succès; la liquidation du passé lui enleva ses dernières ressources et le contraignit à hypothéquer l'avenir. La branche d'Arles, qu'il avait commencée en 1561, fut terminée par d'autres, après sa mort, en 1585. Ce furent ses créanciers qui recueillirent les fruits de cette grande et utile entreprise.

Adam de Crapponne employa ses dernières années à l'étude ou à l'exécution d'autres travaux. C'est à lui que revient l'honneur d'avoir desséché les marais de Fréjus, œuvre que Nostradamus compare au travail d'Hercule « nettoyant les estableries d'Augias, roi d'Élide ». Il étudia ensuite un projet de desséchement et d'irrigation de la Camargue, puis, après avoir dirigé les travaux de fortification de Nice, fut chargé des fonctions d'inspecteur général des fortifications du royaume, fonctions qu'il paraît avoir conservées jusqu'à sa mort, survenue en 1576.

Le canal de Crapponne, tel qu'il a été construit, serait à la rigueur, suffisant pour transformer la Crau en terre arable, dans une période relativement restreinte. Son débit, qui varie de 12 à 15 mètres cubes par seconde, pourrait être facilement porté à 18, c'est-à-dire à 570 millions de mètres cubes par an. Avec la proportion de matières solides tenues en suspension dans les eaux de la Durance, on peut estimer qu'un pareil volume correspond à 400 000 mètres cubes de limon, susceptibles de recouvrir 160 hectares d'une couche de terre arable de $0^m,25$ d'épaisseur. Depuis trois siècles qu'il fonctionne, le canal, s'il avait été bien utilisé, aurait donc pu colmater près de 50 000 hectares, c'est-à-dire très approximativement la superficie totale de la Crau. Malheureusement, l'œuvre d'Adam de Crapponne a été dénaturée dans une certaine mesure et détournée de la destination que son auteur semble lui avoir assignée. Il se commet de nombreux abus dans les arrosages pendant la période d'été, et les eaux d'hiver, qui sont les plus chargées de limon, sont complètement perdues. Aussi le colmatage n'avance-t-il qu'assez lentement et la superficie des terres colmatées n'est aujourd'hui que de 13 000 hectares. Toutefois, les résultats obtenus n'en ont pas moins une grande importance. En tenant compte de la plus-value du sol résultant du colmatage et de l'augmentation de valeur des terres transformées en prairies, on doit évaluer à plus de 50 millions de francs l'accroissement de richesse qu'a entraîné pour la contrée la création du canal de Crapponne.

Cet accroissement serait bien plus considérable, si ce canal avait réalisé toutes les améliorations que son auteur avait en vue, c'est-à-dire la transformation complète, par le colmatage, de toute la plaine de la Crau. Pour donner une idée des résultats de cette transformation sur les points où elle est achevée, nous ne pouvons mieux faire que de reproduire la description suivante, empruntée à l'ouvrage de M. Debauve : « Au milieu de la plaine on remarque çà et là des parties cultivées, entourées de grands arbres, au milieu desquels la ferme est cachée. On les désigne sous le nom de *mas;* ce sont les oasis de la Crau. Sans transition on passe de la plaine découverte, nue et brûlante, dans l'ombre fraîche et sombre des ormeaux et des peupliers séculaires, dont le pied baigne dans les canaux d'irrigation. A l'abri de ces arbres, tout réussit, car les eaux de la Durance, chargées du limon noir des terrains liasiques qu'elles traversent, sont portées jusqu'aux extrémités de la Crau. Les prairies, défendues par les arbres à feuilles caduques contre l'ardeur du soleil en été et fumées par le pacage des moutons en hiver, sont aussi vertes que dans le nord de la France. Le mûrier, le figuier, l'olivier, le cerisier et d'autres arbres fruitiers y prospèrent à l'abri du mistral, défendus par les rideaux de magnifiques cyprès, qui bordent les rigoles d'arrosement. Dans les mêmes conditions, les légumes prospèrent très bien sur le sol nettoyé de pierres et réduit aux alluvions fertiles déposées par les eaux. »

L'idée du colmatage complet de la Crau a été reprise dans ces dernières années. Le projet le plus récent, celui de M. Nadault de Buffon, comporte la création d'un canal débitant 72 mètres cubes par seconde, qui aurait sa prise sur la rive gauche de la Durance, près du pont de Mallemort. La longueur du canal principal et des canaux secondaires serait de 40 kilomètres environ. Ce projet, dont la dépense est évaluée à 16 millions, permettrait de colmater 20 000 hectares de terrains pierreux et 5000 hectares de marais.

§ 3

Dessèchements. — Leur utilité. — Principaux moyens de les effectuer. — Canal de ceinture. — Trous de sonde. — Dessèchements en Hollande. — Moulins à vent et vis d'Archimède. — Lac de Harlem. — Projet de Leeghwater. — Machines à vapeur et pompes. — Résultats de l'opération. — Travaux en voie d'exécution. — Dessèchements en Angleterre. — Dessèchement du lac Fucino. — Travaux des Romains. — Leur insuccès. — Reprise des travaux.

L'assainissement et le dessèchement des terres, si utiles à l'agriculture, n'offrent pas moins d'intérêt, si on les envisage au point de vue de la salubrité publique. Qui ne connaît, en effet, la fâcheuse influence des amas d'eau stagnante, des marais, où, à certaines époques, les débris des végétaux, décomposés sous la double action de la chaleur et de la lumière, donnent naissance à ces miasmes pestilentiels qui répandent, à de grandes distances, la désolation et la mort?

Chez les peuples anciens on trouve peu d'exemples de grandes opérations de dessèchement. L'importance de ce

genre de travaux ne leur avait point échappé, mais, dans
la plupart des cas, les moyens dont ils disposaient pour
les effectuer étaient insuffisants.

S'agissait-il de dessécher un marais de quelque étendue, il fallait employer une véritable armée de travailleurs qui souvent n'échappaient qu'en partie aux perni-
cieuses exhalaisons du sol. De nos jours, au contraire,
dans beaucoup de cas, les moteurs inanimés accomplissent
presque seuls toute la besogne, dans des conditions de

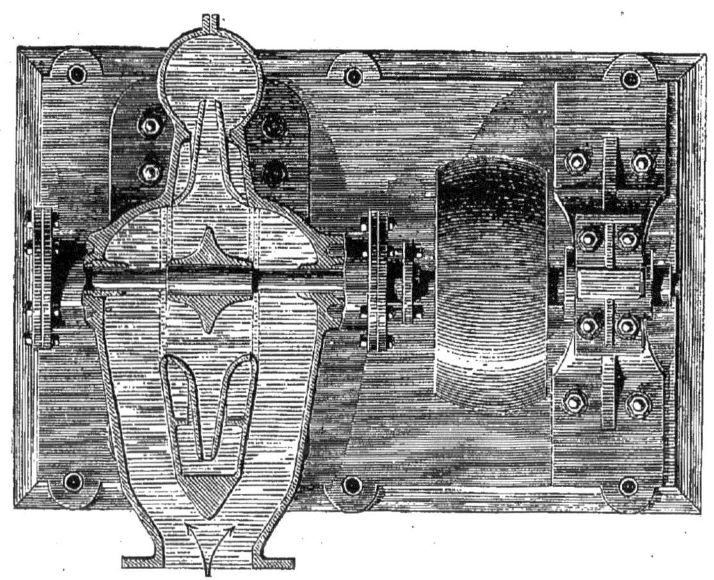

Pompe à force centrifuge pour desséchements.

bon marché telles que les opérations de desséchement
sont regardées, avec raison, comme les plus lucratives de
toutes celles qui se rattachent à l'agriculture.

Les méthodes de desséchement varient avec une foule
de circonstances, et, dans l'impossibilité de les indiquer
toutes, nous nous bornerons à faire connaître celles qui
s'appliquent dans le plus grand nombre de cas.

Lorsque le fond d'un marais est à un niveau plus bas
que tous les points environnants à une grande distance,

Installation complète pour élévation d'eau.

l'emploi des machines est indispensable, et, dans ce cas, on détourne de la surface toutes les eaux extérieures qui tendent à y affluer, en établissant un canal de ceinture à un niveau assez élevé pour qu'il soit possible de lui procurer un écoulement naturel.

C'est dans ce canal que les machines d'épuisement déversent l'eau qu'elles enlèvent dans les parties basses.

Sur une grande partie du littoral de la Manche et de l'Océan s'étendent d'immenses marais dont le niveau est compris entre celui des hautes et des basses marées. Tels sont les marais de Carentan, dans la Manche. Autour de la partie à dessécher on établit des ouvrages d'une importance plus ou moins considérable, destinés à empêcher l'introduction de l'eau pendant les hautes marées. L'écoulement des eaux du marais se fait, pendant la basse mer, au moyen de portes ou de vannes..

Quand la couche imperméable du marais repose sur un sol perméable et absorbant, on peut se débarrasser des eaux, sans avoir recours à l'ouverture de canaux et à l'établissement de machines, en perçant simplement la couche imperméable par des trous de sonde.

Dans le Gâtinais, un marais d'une assez grande étendue a été desséché par cette méthode. Dans certains marais, les Paluns, près de Marseille, il existe des trous naturels qui servent à l'écoulement et qui portent le nom d'embues ou de bétoirs.

Dans quelques circonstances particulières, il est possible d'élever la surface du terrain lui-même au-dessus du niveau des eaux par des remblais convenables. Cette opération constitue alors un véritable colmatage.

Desséchements en Hollande. — Une grande partie du sol de la Hollande, située au dessous du niveau de la mer, paraissait fatalement condamnée à devenir la proie des eaux, si l'homme, menacé dans son existence, n'avait lutté avec énergie contre l'élément envahisseur et n'était parvenu à en triompher. L'eau, renfermée dans d'innombrables canaux, établis avec un art infini, cessa d'être un ennemi redoutable pour devenir un de ses plus utiles auxiliaires et, désormais en sûreté derrière les digues qu'il avait élevées, il put transformer en champs et en pâturages fertiles le sol qu'il avait conquis. Mais ces riches prairies, prix de tant d'efforts, il fallait encore songer à les défendre contre les inondations d'un autre genre, dues à l'absence d'écoulement naturel dans les parties basses, qui sont à un niveau inférieur à celui des canaux.

C'est aux moulins à vent que les Hollandais confièrent l'importante mission de faire mouvoir les pompes ou les vis destinées à élever les eaux des prairies pour les verser dans les canaux d'écoulement.

En 1840, on comptait, en Hollande, plus de 2500 moulins à vent, consacrés à l'élévation des eaux, et ce chiffre est assez éloquent pour nous dispenser d'insister sur les immenses services rendus par cette machine modeste, qui emprunte son mouvement à un moteur naturel, entièrement gratuit.

Et pourtant, dans les nouveaux dessèchements entrepris dans ces dernières années, à cet auxiliaire si utile et si économique on a préféré la machine à vapeur. Cette préférence, qui, au premier abord, peut sembler singulière, s'explique par l'inappréciable propriété que possède ce dernier moteur de pouvoir s'établir partout, de fournir, sur un point donné, une force aussi considérable qu'on peut le désirer, et enfin de n'exiger jamais aucune interruption de travail.

Sous l'action puissante et continue de la vapeur, on a vu disparaître, comme par enchantement, le ver rongeur du pays néerlandais, le lac de Harlem, cette immense nappe d'eau qui couvrait plus de 11 lieues de terrains, où des villages avaient été engloutis et où des navires marchands sombraient au milieu des tempêtes. Aujourdhui on peut parcourir en voiture le fond de ce lac transformé

Moulins à vent pour les desséchements en Hollande.

en prairies, au milieu desquelles on voit s'élever les
fermes et les clochers destinés à former de nouveaux villages.

La mer de Harlem s'était formée de quatre lacs qui,
s'agrandissant d'année en année, avaient fini par se réunir
en 1647 et occuper une étendue de plus de 14 000 hectares. Les Hollandais, qui n'ont jamais eu de raison pour
désirer plus d'eau qu'ils n'en avaient, dès les premiers
temps, ne virent point sans un vif déplaisir les envahissements successifs de ces lacs, et bien des fois ils avaient
songé à y mettre un terme.

Le premier projet sérieux dans ce sens est dû à l'ingénieur Leeghwater, dont le nom est resté célèbre. D'abord
simple ouvrier dans son pays natal, où il cumulait les
diverses professions de charpentier, de sculpteur et de
mécanicien, Leeghwater s'était fait connaître par le desséchement d'une tourbière, située près de sa maison,
et on l'avait chargé de diriger, comme ingénieur, le desséchement d'un grand marais, le Beemster. Cette opération rapidement menée à bonne fin, grâce à son activité
et son esprit d'invention, il conçut le premier l'idée hardie
d'endiguer la mer de Harlem et de la mettre à sec.

En 1640, il exposa son plan et ses moyens, pour atteindre ce but, dans un petit ouvrage qui fut réimprimé
trois fois, bien qu'il parût à plusieurs l'œuvre chimé-
rique d'un rêveur. Au moyen de pompes mues par
140 moulins à vent, distribués sur toute la longueur
d'un vaste canal de ceinture, il espérait pouvoir renvoyer
à l'Océan, en quelques années, toutes les eaux du lac, et
livrer à l'agriculture l'immense superficie qu'elles recou-
vraient. Le gouvernement hésita devant les dépenses que
devait entraîner l'exécution d'un pareil projet, et le
pauvre Leeghwater, après plusieurs voyages à l'étranger,
revint en Hollande, où il mourut à un âge très avancé,
dans un état voisin de l'indigence.

Cependant, les envahissements du lac continuaient; le

vent, la pluie, l'orage, tout lui était occasion d'empiéter sur les rives. Au mois de novembre 1836, les eaux, chassées par un violent vent d'ouest, s'élancèrent par-dessus les routes et les digues, et arrivèrent jusqu'aux portes d'Amsterdam. Cet événement décida du sort de Harleem-meer. Le lac avait menacé Amsterdam, Amsterdam dit au lac : « Tu disparaîtras! »

En 1840, on reprit le projet de l'ingénieur Leeghwater, en lui faisant subir les modifications impérieusement commandées par l'énorme accroissement du volume d'eau à enlever. Le lac ne contenait pas moins de 700 millions de mètres cubes, sans compter les eaux qu'il devait recevoir pendant toute la durée des travaux.

En présence d'une situation aussi menaçante, il fallait recourir aux moyens les plus énergiques.

Les moulins à vent, qui rendent de si grands services dans les desséchements ordinaires, durent être proscrits, en raison de leur irrégularité et de leur peu de durée d'action. Malgré l'énorme excédant de dépense qui devait en résulter, on n'hésita pas à recourir à l'emploi de la vapeur, seule capable de fournir, en un temps donné, la force nécessaire pour mener l'entreprise à bonne fin.

Le projet une fois arrêté, l'exécution ne se fit pas attendre. Une machine de la force de 350 chevaux fut commandée en Angleterre et, par reconnaissance, les Hollandais lui donnèrent le nom de Leeghwater.

Cette machine gigantesque se compose de deux cylindres concentriques, assis sur la même plaque inférieure et communiquant entre eux par la partie supérieure. Dans le petit cylindre, qui a plus de trois mètres de diamètre, se meut un piston muni d'une tige de 50 centimètres, qui traverse le couvercle; la couronne annulaire est munie d'un second piston portant quatre tiges qui, comme la première, traversent le couvercle à travers des boîtes à étoupes. Ces cinq tiges sont fixées, à leur partie supérieure, dans une immense masse de fonte qui appuie, par l'intermédiaire de galets, sur les extrémités de balanciers destinés à faire mouvoir les pompes.

La vapeur, en agissant dans le petit cylindre, soulève

Le Leeghwater au lac de Harlem.

le contrepoids, dont les balanciers suivent le mouvement. Quand la course ascensionnelle, qui est de plus de 3 mètres, est terminée, la vapeur qui vient d'agir se rend dans l'espace annulaire, et la pression qu'elle a conservée aide le contrepoids à redescendre et détermine, par suite, le mouvement en sens inverse des balanciers des pompes.

Ces pompes sont au nombre de 11, disposées circulaiment autour du bâtiment qui renferme la machine. Chaque pompe a un diamètre de $1^m,60$ et une course de plus de 3 mètres. Le piston se compose de deux grandes valves en tôle et en cuir, remplissant le corps de pompe pendant la montée du piston et s'appliquant l'une sur l'autre à la descente.

Le piston de la machine à vapeur, donnant six coups par minute, chaque pompe fournit par coup 5 mètres cubes, soit, pour les 11 pompes, 330 mètres par minute, ou, par vingt-quatre heures, 475,000 mètres cubes environ.

A la première machine on ne tarda pas à ajouter deux aides : le Craquius, près de Harlem, et le Lijnden, près d'Amsterdam.

Chacune de ces machines faisait mouvoir 8 pompes, d'un diamètre un peu plus grand que les précédentes.

Les eaux élevées par les pompes étaient versées dans un vaste canal de ceinture qui les conduisait à la mer.

Les trois machines furent mises en marche en 1848, et, cinq ans plus tard, le lac de Harlem avait disparu.

La dépense totale s'était élevée à 19 millions de francs.

On ne peut se défendre d'une sérieuse émotion devant ce grand et noble spectacle du triomphe de la volonté humaine. Sur une immense étendue, qui n'embrasse pas moins de 18,000 hectares, on rencontre partout les témoignages de l'intelligente ardeur qui s'applique à transformer ce sol, nouvellement conquis, en champs et pâturages fertiles. La machine qui a aidé si puissamment l'homme dans cette pacifique conquête est restée à son poste pour la défendre contre de nouveaux envahissements. Cette jeune terre, en effet, ne sait encore, ni absorber l'eau, ni la laisser se dissoudre en vapeur; en deux mots, ni la prendre, ni la rendre. Aux temps de pluie, elle redeviendrait lac, si le Leeghwater ne lui venait promptement en aide et ne la soulageait de ce que les nuages lui ont versé de trop, en le reversant dans le canal; en été, elle ne serait plus qu'un désert aride si, au contraire, la machine ne reprenait au canal ce qui est nécessaire pour l'arroser. Il se passera bien des années peut-être avant qu'elle ait appris à se conduire suivant ses intérêts; mais pourquoi désespérer de son éducation?

Après le desséchement du lac de Harlem, les Hollandais ont entrepris celui du Zuid-Plas, qui, bien que moins important, présentait d'assez grandes difficultés, par suite de la grande profondeur des eaux, qu'on a été obligé d'élever à plus de 6 mètres pour les verser dans le canal de ceinture.

Ce desséchement, qui a été entièrement effectué au moyen de machines à vapeur, a coûté relativement moins que celui du lac de Harlem, puisqu'il n'a exigé qu'une somme de trois millions pour une surface de 4600 hectares.

D'autres travaux de ce genre sont en ce moment en cours d'exécution; parmi les plus importants, nous citerons celui qui aura pour résultat de conquérir sur l'Escaut un vaste polder, d'une contenance de 14 000 hectares, presque équivalente à celle du lac de Harlem. Parmi ceux qui sont encore simplement à l'état de projet, nous devons mentionner le desséchement du Zuiderzée, qui embrasse une surface de 195 000 hectares. La dépense prévue pour ce gigantesque travail s'élèverait à 106 millions de florins, c'est-à-dire plus de 220 millions de francs.

En Angleterre, les desséchements au moyen de machines à vapeur s'effectuent, depuis quelques années, sur une vaste échelle et sont devenus une des opérations les plus communes de l'agriculture. Dans le Lincolnshire, les machines à vapeur sont au nombre de 90 environ, dont la force varie de 15 à 80 chevaux. Elles font en général mouvoir des écopes. L'étendue des surfaces desséchées dépasse 90 000 hectares.

Comme en Hollande, les machines ne servent pas seulement à effectuer un premier desséchement; elles sont de plus destinées à enlever les eaux de pluie, qui ne disparaissent pas par l'évaporation.

Sous le climat humide de l'Angleterre, cette quantité est en moyenne de 500 mètres cubes par hectare et par mois. Une machine de 10 chevaux élèverait cette masse d'eau à 5 mètres de hauteur en quarante minutes, c'est-à-dire qu'une machine de cette force, travaillant douze heures par jour seulement, pourrait dessécher environ 540 hectares.

Desséchement du lac Fucino. De toutes les opérations de desséchement entreprises par les anciens, la plus importante est, sans contredit, celle du lac Fucino. Privé d'écoulement naturel, ce lac était situé au fond d'un bassin, élevé de 700 mètres environ au-dessus du niveau de la mer, au centre de la chaîne des Apennins, dans les Abruzzes. Il était environné de hautes montagnes et recevait les écoulements de versants fort étendus.

Par sa position même, le niveau des eaux devait subir de très fortes variations; lors de la fonte des neiges, et à la suite de fortes pluies, il s'élevait quelquefois très rapidement, pour ne s'abaisser ensuite que par l'évaporation due à l'action du soleil et des vents. La plus grande différence entre les hautes eaux et les basses eaux atteignait 15 mètres. Aussi, à la suite de plusieurs années pluvieuses, voyait-on souvent les eaux envahir des terres depuis longtemps cultivées et plantées d'arbres, des fermes, et même des villages entiers.

Ces graves inconvénients avaient frappé les anciens et, afin d'y remédier et de rendre à l'agriculture de vastes terrains, ils avaient songé à procurer aux eaux un écoulement artificiel.

C'est aux Romains que revient l'honneur d'avoir tenté cette œuvre vraiment colossale, en raison des moyens d'exécution dont ils pouvaient disposer.

Il ne s'agissait de rien moins que d'ouvrir un souterrain de près de 6000 mètres de longueur, à travers une montagne fort élevée, et dans des rochers très durs ou des argiles très mouvantes.

Trente mille hommes furent, pendant dix ans, employés à ces travaux, dont l'exécution avait été confiée, par l'empereur Claude, à son affranchi Narcisse.

Trente-deux puits, d'une profondeur variable entre 20 et 130 mètres, furent creusés dans le calcaire compacte.

De petites galeries inclinées avaient été ménagées pour faciliter l'entrée des ouvriers et la sortie des matériaux. Grâce à ses travaux accessoires, la galerie principale fut creusée sur une longueur de 5600 mètres; elle présentait une ouverture de 2 mètres de largeur sur 4 mètres de hauteur, et, sur le tiers environ de son parcours, elle était recouverte de maçonnerie.

Pour un pareil travail, les Romains n'avaient pas, comme nous, la poudre et les machines à vapeur. Pour attaquer des roches d'une grande dureté, ils n'avaient que des outils primitifs, le pic et le marteau. Aussi que de difficultés n'eurent-ils pas à surmonter! De nos jours, le percement du mont Cenis, qui a été effectué sur une longueur et une section trois fois plus considérables, a exigé moins de temps et une dépense incomparablement moindre.

Malgré les difficultés de tous genres, l'œuvre fut menée à bonne fin, et, malgré des imperfections et des erreurs grossières dans les pentes et le tracé, dues à l'absence d'instruments de précision, l'affranchi Narcisse avait ouvert, d'un bout à l'autre, la galerie qui devait

écouler les eaux du lac, et qui avait reçu le nom d'Émissoire de Claude. Une fatale catastrophe amena la ruine
de ces gigantesques travaux.

Claude, séduit par l'idée de faire dessécher le lac à sa
parole, avait organisé sur l'eau une fête splendide, à
laquelle assistait l'impératrice Agrippine. La fête terminée, les digues qui séparaient le lac de l'émissoire
furent ouvertes trop brusquement, et les eaux s'y préci-
pitèrent avec une telle furie, qu'elles renversèrent une
grande partie des travaux. L'éboulement de l'entrée de
la galerie mit obstacle à l'écoulement des eaux.

Telle fut la frayeur causée par cette catastrophe, que
l'entreprise fut complètement abandonnée, et que, pendant bien des siècles, nul n'osa reprendre l'œuvre des
Romains.

En 1835, le directeur général des ponts et chaussées
du royaume de Naples, M. A. de Rivera, étudia de nouveau cette importante question; par ses ordres, le souterrain fut nettoyé et les parties éboulées soutenues par
de solides blindages. A la suite de ces travaux préparatoires, il publia un intéressant ouvrage sur les moyens à
employer pour la restauration de l'émissoire et le desséchement du lac.

Aucune suite ne fut donnée à ces propositions; le
souterrain continua à s'encombrer et plusieurs parties à
s'affaisser de nouveau.

Enfin, en 1852, l'entreprise fut concédée à un Français, M. d'Agiout. Après de nouvelles études, on reconnut
la nécessité de porter la largeur de la galerie à 4 mètres
et la hauteur à 6 mètres, afin de pouvoir, avec une pente
assez faible, débiter environ 3 millions de mètres cubes
par jour, et vider ainsi le lac en deux ou trois ans, en
jetant chaque année dans la petite rivière du Liris, dont
les eaux sont à 22 mètres environ au-dessous du point le
plus profond du lac, un volume de plus de 1 milliard de
mètres cubes.

Le lac occupait une superficie de 15 000 hectares, et sa plus grande profondeur était de 20 mètres. Sa contenance était environ trois fois celle du lac de Harlem.

Les derniers travaux effectués ont eu non seulement pour but la restauration de l'émissoire, mais encore l'établissement d'un grand canal de desséchement, de 10 kilomètres de longueur.

CHAPITRE V

DISTRIBUTION DES EAUX

---

§ 1ᵉʳ

Considérations générales. — Nombreuses questions qu'embrasse
l'étude d'une distribution. — Quantités d'eau nécessaires. — Qualités des eaux. — Filtrages. — Avantages des distributions modernes
sur celles des anciens. — Aqueduc du mont Pila.

Indispensable à la vie des hommes et des animaux, à
la végétation des plantes, l'eau se trouve nécessairement
partout où ils existent. Toutefois, malgré l'abondance
avec laquelle elle est répandue à la surface du sol, elle
fait souvent défaut sur certains points où elle serait le
plus utile, et les parties qui en sont naturellement privées
seraient fatalement condamnées à l'abandon, si l'homme
n'avait compris de bonne heure la nécessité de se procurer, au prix d'immenses travaux, cette eau qui peut
seule donner aux terres la fertilité, aux villes la salubrité, assurer, en un mot, la fortune et la santé publiques.

Les anciens, qui ignoraient les variétés et les raffine-
ments du luxe, dus aux progrès de la civilisation, con-
sacraient des sommes énormes à la conduite des eaux, à
l'établissement des fontaines et des bains publics. Dans
toutes les villes dont l'origine remonte à la domination

romaine, on trouve encore les traces des gigantesques aqueducs que ne manquait jamais de construire ce peuple guerrier partout où il se fixait d'une manière permanente. Sur le sol de la patrie, comme dans le pays conquis, la salle des Thermes était le vrai luxe des habitations romaines.

Dans les temps plus rapprochés de nous, grâce aux progrès successifs de la science et de l'industrie, l'eau a trouvé de nouveaux emplois; les travaux hydrauliques sont devenus beaucoup plus faciles et moins dispendieux, et pourtant, chose bizarre, non seulement on n'exécute presque aucun travail de quelque importance, mais on laisse dépérir les magnifiques ouvrages des anciens. Ce n'est guère qu'au dix-septième siècle, qu'un caprice de Louis XIV devient le point de départ de nouvelles tentatives, pour se procurer artificiellement de l'eau sur des points naturellement arides. Encore ces tentatives sont-elles restreintes à l'embellissement d'un parc. Paris manquait d'eau ou n'avait, sous ce rapport, que des ressources complètement insignifiantes, puisque la plus considérable était l'aqueduc d'Arcueil, dont l'origine remonte à l'empereur Julien, et qui ne fournit guère que 1 000 mètres cubes d'eau par 24 heures. Ce n'est réellement qu'au commencement de ce siècle que Paris vit entreprendre les travaux d'une distribution en rapport avec le nombre de ses habitants, et ces travaux, lentement conduits, souvent interrompus, ne sont pas encore terminés, après une période de soixante-dix ans, malgré l'impulsion énergique que leur a donnée l'administration municipale.

Depuis quelques années, on commence à mieux apprécier les services que peut rendre un intelligent emploi des eaux. La plupart des grandes villes de France, Marseille, Bordeaux, Dijon, Nîmes, Aix et tant d'autres, privées d'eau dans les siècles précédents, ont résolu de faire cesser tout ce qu'une pareille situation présente de pénible et d'anormal, et elles n'ont pas hésité à consacrer des sommes considérables à la réalisation de projets de distribution d'eau en rapport avec leur importance.

L'art de conduire et de distribuer les eaux touche à une foule de questions dont la solution exige les connaissances les plus étendues. L'ingénieur chargé de l'étude d'un projet de distribution doit, non seulement se préoccuper de la quantité d'eau nécessaire à la consommation, mais encore de ses qualités au point de vue de l'hygiène.

Cette question, en ce qui concerne l'influence des matières que les eaux naturelles tiennent en dissolution, est plutôt du ressort du chimiste et du médecin. Quant aux matières insolubles, qui se trouvent en suspension dans les eaux, on ne peut s'en débarrasser que par le filtrage, opération qui, réalisée en grand, donne lieu souvent à de très grandes difficultés.

Ces questions préliminaires résolues, se présente la détermination des directions et des diamètres des diverses conduites qui doivent entrer dans la distribution, ainsi que l'établissement des réservoirs.

La construction d'un système général d'égouts est le plus souvent la conséquence immédiate des travaux de distribution. Si l'eau est presque toujours un bienfait, elle est quelquefois un inconvénient, et on doit la faire disparaître de la surface du sol, dès qu'elle est corrompue par les matières étrangères qu'elle entraîne avec elle.

Un des buts principaux des distributions d'eau est l'assainissement des villes : il serait bien incomplètement atteint si, en répandant de l'eau sur les voies publiques, on ne l'en faisait sortir que lorsqu'elle les aurait parcourues dans toute leur étendue.

L'eau qu'exige une distribution ne se trouve pas toujours à une hauteur convenable et il faut l'y élever artificiellement. Le nombre des appareils qui servent à cet usage est très varié; et, suivant les cas, le mouvement pourra leur être transmis, soit par des moteurs animés, des hommes, des animaux, soit par des moteurs inanimés, tels que le vent, l'eau et la vapeur.

Bien qu'il n'entre pas dans le cadre de cet ouvrage de faire connaître la nature des calculs et des recherches qu'exige l'établissement d'une distribution d'eau, nous ne saurions cependant assez insister pour mettre nos lecteurs en garde contre cette opinion qui, dans les questions industrielles, tend à repousser comme inutiles les secours de la théorie. « Sans doute, les Romains ont fait de magnifiques distributions d'eau, sans avoir les notions les plus vulgaires de l'hydraulique; on en a fait, depuis les Romains, sans en savoir davantage et on pourrait en faire encore. La seule différence entre ces distributions et celles qui seraient faites d'après une saine théorie et avec les meilleures procédés pratiques, est tout entière dans la dépense. » (DUPUIT, *Traité de la distribution des eaux.*)

La quantité d'eau nécessaire pour les nombreux usages auxquels on peut l'employer dans une ville varie nécessairement, d'un pays à l'autre, suivant les climats et les habitudes locales.

Dans les conditions moyennes, d'après les médecins, un homme absorbe par jour environ 2 litres d'eau. La consommation pour l'usage extérieur ou de propreté est évaluée à Paris à 18 litres. Ainsi, chaque habitant d'une maison est censé consommer 20 litres d'eau, lorsque cette eau lui est fournie à discrétion.

Certaines industries, telles que les teintureries, les brasseries, les bains et lavoirs, etc., exigent des quantités d'eau relativement considérables. Il en est de même des animaux domestiques, des chevaux surtout, si nombreux dans les villes, de l'alimentation des machines à vapeur de l'arrosement des jardins; en tenant compte de toutes ces consommations, qui peuvent être considérées comme proportionnelles au nombre des habitants, on arrive au chiffre moyen de 80 litres par personne. Dans cette évaluation n'est pas comprise l'eau, en quantité du reste très variable, qui sert à l'arrosement de la voie publique, au lavage des ruisseaux et des égouts, enfin aux écoulements de luxe, tels que les fontaines monumentales, les jets d'eau, etc.

L'eau naturelle qui se trouve à la surface du sol, ou à une certaine profondeur, n'est jamais pure ; elle contient toujours des sels en dissolution et des matières insolubles en suspension.

Lorsque les eaux contiennent une quantité de sels dissous trop considérable, on doit renoncer à leur usage, car on ne pourrait les débarrasser de ces sels que par des procédés chimiques, trop dispendieux pour être appliqués à de grandes masses.

Quant aux matières en suspension, qui n'ont aucune action nuisible sur la santé, mais qui sont un objet de dégoût et un inconvénient pour certains usages, on peut s'en débarrasser par le repos et le filtrage.

Le caractère le plus essentiel et en même temps le plus simple pour reconnaître si une eau est bonne ou mauvaise est celui de l'odeur et de la saveur. C'est en vain qu'une eau serait parfaitement limpide, parfaitement pure à l'analyse chimique ; si elle avait un goût ou une saveur désagréable, il est évident qu'on devrait y renoncer.

La question de l'influence des diverses matières en dissolution dans l'eau est de la compétence des chimistes et des médecins, et nous ne pouvons mieux faire que d'emprunter à l'Annuaire des eaux de la France les renseignements qui s'y rapportent :

« On concevra facilement l'influence que peuvent exercer sur l'économie les sels dissous, même en très petite proportion, lorsqu'on réfléchit qu'un homme, dans des conditions moyennes, absorbe par jour environ 2 litres d'eau.

« Aussi voyons-nous l'opinion de tous les temps et de tous les lieux unanime à attribuer à la qualité des eaux, soit les effets pathologiques accidentels, soit l'existence de maladies endémiques. Nous admettons que ces opinions se sont souvent établies sans preuves bien réelles; mais nous pensons que, dans tous les cas, on ne pourra exprimer une opinion formelle à cet égard qu'après un examen analytique des eaux, et que, même alors, on devra être extrêmement réservé à nier cette influence. Par la même raison, nous concevrons que des eaux contenant des gaz utiles à la digestion ou des sels favorables à l'économie, deviennent, par un usage habituel, l'agent hygiénique le plus sûr et le plus rationnel.

. . . .

« Si, employée avec intelligence et discernement, l'eau produit les plus grands bienfaits, elle peut devenir, par l'incurie ou l'ignorance, la source des plus grands désastres.

. . . . , ...

« Les eaux se partagent assez naturellement en eaux de pluie, eaux de sources, eaux de rivières, eaux de lacs et d'étangs, et eaux de puits. L'eau de pluie, au moment où elle vient d'être recueillie, n'est pas parfaitement pure; on sait qu'elle contient souvent, et principalement la pluie d'orage, une très petite quantité d'acide azotique libre ou combiné avec l'ammoniaque. Des recherches toutes récentes y ont même signalé des traces d'iodure.

. . . .

« Les eaux de sources, résultant de l'infiltration de l'eau pluviale à travers les roches sous-jacentes, doivent nécessairement offrir de grandes variétés dans leur composition. On devra donc, dans l'examen des sources d'une contrée, tenir compte, avec un grand soin, de la nature des roches qu'elles doivent traverser.

. . . .

« Les puits ordinaires étant placés au voisinage des habitations, leurs eaux se chargent, le plus souvent, de substances qui doivent leur origine, soit aux diverses fonctions de la vie animale, soit aux produits de l'industrie ou de l'économie domestique. On y trouve parfois, en proportions considérables, outre les sels habituels des eaux douces, des sulfates, des phosphates, des azotates, des matières organiques azotées. Or il existe encore en France une foule de localités dont les habitants emploient, exclusivement ou en partie, les eaux de puits, soit aux nécessités domestiques, soit à l'alimentation. Il faut ajouter que c'est principalement dans ces localités que, de tous temps, les auteurs ont attribué à la qualité des eaux des influences fâcheuses sur la santé générale de la population. Il ne sera pas rare de rencontrer des eaux de ce genre qui, peu chargées de sels, dissolvant très bien le savon, sont néanmoins complètement impropres à l'alimentation, par suite de la matière organique souvent fétide qu'elles dissolvent.

« L'eau charriée par les rivières, résultant à la fois de l'écoulement superficiel des eaux pluviales et de la réunion de toutes les sources qui se rendent dans leur lit, aura une composition intermédiaire entre celle de l'eau pure et celle des sources. Généralement moins pourvue de sels minéraux que ces dernières, les gaz qu'elle dissoudra se rapprocheront plus de l'air atmosphérique, et elle présentera aussi une plus grande quantité de matières organiques, soit par l'effet des eaux pluviales sur les couches superficielles, soit par le voisinage des usines ou des villes dont elle reçoit les égouts.

« C'est ici le lieu de remarquer que certaines rivières, en circulant dans des plaines marécageuses ou tourbeuses, peuvent contracter des propriétés extrêmement fâcheuses. Elles y perdent, par l'influence de la végétation, la presque totalité de leur oxygène, et y dissolvent des substances d'origine organique qui, en même temps qu'elles leur communiquent une fadeur et une odeur souvent désagréables, les rendent très insalubres quoique souvent peu chargées de sels minéraux.

. . . .

« On admet généralement qu'une eau peut être considérée comme bonne et potable quand elle est fraîche, limpide, sans odeur; quand sa saveur est très faible, qu'elle n'est surtout ni désagréable, ni fade, ni salée, ni douceâtre; quand elle contient peu de matières étrangères, quand elle renferme suffisamment d'air en dissolution, quand elle dissout le savon sans former de grumeaux et qu'elle cuit bien les légumes. »

Une faible proportion d'acide carbonique donne une certaine sapidité à l'eau et la rend plus agréable, en même temps qu'elle facilite les fonctions digestives par une légère excitation. L'influence de l'oxygène dissous est regardée comme très favorable, et c'est à son absence dans les eaux provenant de la fonte des neiges qu'on attribue certaines maladies plus particulièrement endémiques aux vallées montagneuses.

Les matières organiques en dissolution dans l'eau se putréfient vite et donnent naissance à un grand nombre de maladies. On admet donc qu'une eau potable est d'autant meilleure qu'elle contient une moins grande quantité de ces matières.

Quand une eau contient plus d'un millième de sel calcaire en dissolution, elle est regardée comme impropre, aux usages ordinaires de la vie; cependant le bicarbonate de chaux ne doit pas être confondu avec les autres sels. La présence d'une petite quantité de ce sel peut être utile, dans certaines conditions de la digestion, en saturant un excès d'acidité du suc gastrique.

La présence des autres sels en dissolution dans l'eau est regardée en général comme nuisible, toutes les fois que la proportion dépasse celle d'un gramme par litre.

Après la pureté chimique de l'eau, la considération la plus importance pour l'hygiène est la température. Les eaux de source, dont la température est constante, procurent, en général, l'avantage de boire chaud en hiver et froid en été; avec les eaux de rivière, au contraire, on a l'inconvénient de boire froid en hiver et chaud en été.

Les eaux naturelles, outre les sels en · dissolution, contiennent encore des matières en suspension. Cet inconvénient se présente surtout pour les grands cours d'eau, sujets à des crues accidentelles; les eaux qui se rendent dans les rivières entraînent les parties les plus ténues du sol à la surface duquel elles coulent, et ces matières, d'une densité plus considérable que celle de l'eau, se maintiennent en suspension par un phénomène mécanique assez curieux, dû probablement aux diffé rences de vitesse que présentent les filets liquides.

Cette cause n'existe plus lorsque l'eau est au repos, ou plutôt lorsque tous ses filets ont la même vitesse; aussi les matières étrangères se déposent-elles alors, mais la manière dont elles se précipitent est très variable suivant leurs densités. Lorsque des eaux sont très chargées de vase, vingt-quatre heures suffisent pour les débarrasser de la plus grande partie de ce limon, mais on n'obtient pas ainsi une eau parfaitement limpide. Les matières dont la densité diffère peu de celle de l'eau restent pendant longtemps encore en suspension, de sorte qu'il faut avoir recours au filtrage pour les séparer.

L'opération du filtrage consiste à faire passer l'eau trouble à travers une espèce de crible dont les pores soient assez serrés pour ne pas laisser passer les matières solides, et assez ouverts pour laisser passer les matières liquides.

Les divers appareils employés pour filtrer les eaux en petite quantité, qui donnent de si beaux résultats sous le rapport de la qualité, ne sont pas applicables à de grandes masses d'eau, à cause des dépenses qu'ils entraîneraient.

Les procédés employés pour le filtrage en grand reposent tous sur le même principe : faire passer l'eau à travers une couche de sable plus ou moins épaisse et la recueillir ensuite. Ce n'est d'ailleurs qu'une imitation de la filtration naturelle, dont nous allons dire quelques mots.

En creusant des galeries perméables le long de certains cours d'eau, on a obtenu un liquide parfaitement limpide par la filtration des couches qui se trouvaient entre ces galeries et les cours d'eau.

Mais le succès de ces filtres naturels n'est assuré, que quand l'eau possède une certaine vitesse le long de la surface filtrante. En réalité, cette condition n'est pas toujours réalisée ; ainsi une rivière peut être encaissée dans une couche de graviers trop gros pour filtrer les eaux, tandis que la couche filtrante se trouve directement au-dessous ; on comprend que, dans ce cas, l'eau en contact avec cette couche filtrante puisse ne plus avoir une vitesse suffisante pour entraîner la vase en suspension, qui alors pénétrera dans les pores et finira par les obstruer. En un mot, pour qu'un filtre naturel puisse réussir, il faut que la vase de l'eau filtrée puisse être entraînée par celle qui ne l'est pas.

Dans la distribution des eaux de Toulouse, M. D'Aubuisson a employé les filtres naturels avec le plus grand succès. Les eaux de la Garonne, après avoir traversé une couche filtrante, sont reçues dans des galeries perméables, c'est-à-dire en pierres sèches, qui les conduisent aux machines élévatoires.

Dans la plupart des distributions d'eau, où le filtrage ne pourrait pas s'établir dans de pareilles conditions de simplicité et d'économie, on se contente de faire déposer les eaux dans des réservoirs plus ou moins considérables, où elles se débarrassent des matières les plus grossières.

La présence des matières en suspension dans l'eau

n'est donc pas un inconvénient très grave, puisqu'on peut facilement la débarrasser de la plus grande partie de ces matières par un repos suffisamment prolongé et enlever au besoin le reste, soit par de petits appareils de filtrage, soit par de véritables bassins de filtration.

Le problème de la conduite et de la distribution des eaux se présente aujourd'hui dans des conditions bien différentes de ce qu'elles étaient dans l'antiquité, et particulièrement chez les Romains, les auteurs de ces magnifiques travaux hydrauliques dont on retrouve presque partout les ruines imposantes. Lorsque les anciens avaient besoin de conduire de l'eau à de grandes distances, ils ne pouvaient avoir recours, comme le fait remarquer M. Dupuit, qu'à un aqueduc de maçonnerie, d'une construction en général facile, ou à des tuyaux de plomb très lourds et très dispendieux. Il n'est donc pas étonnant qu'ils aient presque toujours construit des aqueducs, qui, de plus, dans le passage des vallées, ont pour les architectes l'avantage de nécessiter des travaux gigantesques, bien propres à frapper les esprits et à les pénétrer d'admiration pour les constructeurs. Mais, de nos jours, l'imitation complète des procédés suivis par les anciens serait. au point de vue économique, une faute très grave. Grâce aux progrès réalisés dans l'industrie, nous avons sur eux l'immense avantage qu'offre, dans la plupart des cas, l'usage des tuyaux métalliques. L'emploi de la fonte constitue un progrès énorme dans l'art de conduire les eaux. Par suite des perfectionnements que la science introduit chaque jour dans les procédés de fabrication, le prix de ce métal diminue sans cesse, et les conduites en fonte ne coûtent que la moitié de ce qu'elles coûtaient il y a environ trente ans. Si l'on compare le prix actuel d'une conduite métallique à celui d'une conduite de plomb dans l'antiquité, on arrive à ce résultat remarquable que le premier n'est environ que le trentième du second.

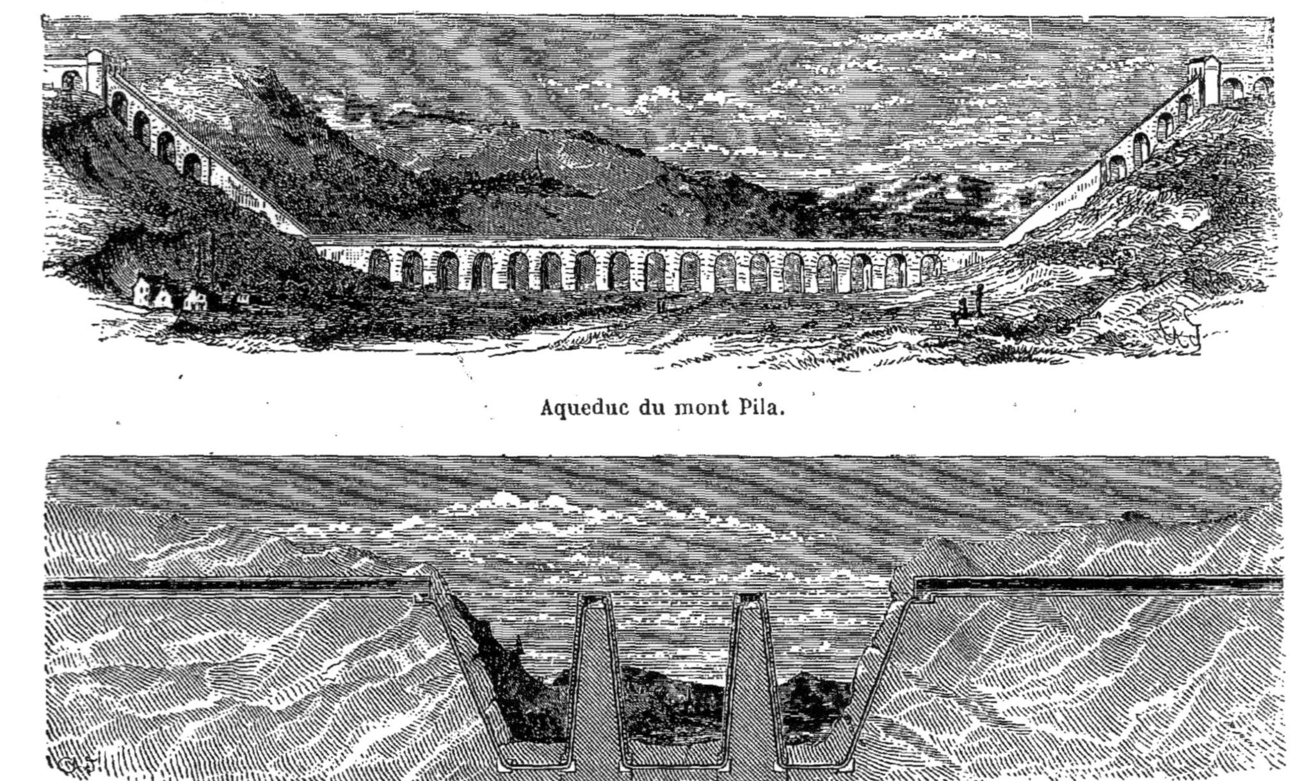

Aqueduc du mont Pila.

Coupe longitudinale d'une conduite dite à Souterazy.

Lorsqu'il s'agit de franchir des vallées, la construction d'un aqueduc entraine celle d'un mur destiné à le supporter. L'économie, l'élégance, et quelquefois la nécessité de laisser passer un cours d'eau ou des voies de communication exigent que ce mur soit percé d'arcades. De là ces magnifiques ponts aqueducs que les Romains ont laissés dans tous les pays qu'ils ont occupés. Tout en leur accordant notre admiration, nous devons bien nous garder de les imiter.

Avec des tuyaux, la construction de ces ouvrages, d'un prix très élevé, se trouve complètement évitée; il suffit pour cela de disposer les tuyaux en siphons, en leur faisant suivre les sinuosités de la vallée.

L'avantage des tuyaux siphons sur les ponts aquéducs est tellement considérable, qu'à une époque où l'art de confectionner les tuyaux était encore dans l'enfance, des architectes romains n'ont pas hésité à les employer dans certaines circonstances et, en particulier, dans l'aqueduc du mont Pila, près de Lyon. A la suite des commentaires de Frontin, chargé du service des eaux de la Rome impériale, se trouve une notice intéressante sur cet aqueduc; nous en extrayons les passages qui se rapportent plus directement à la description des siphons métalliques.

On avait à traverser trois vallons : le premier avait environ 70 mètres de profondeur. Cinq ponts superposés auraient été à peine suffisamment élevés pour porter l'aqueduc d'un coteau à l'autre, et le dernier de ces ponts aurait eu environ 800 mètres de longueur.

Pour le second vallon, la profondeur dépassait 100 mètres et aurait exigé au moins huit rangs d'arcades superposés, tous très longs.

La profondeur du troisième vallon, plus faible que les précédentes, n'eût exigé que trois rangs d'arcades.

Toutes ces constructions auraient conduit à des travaux prodigieux et à une dépense énorme, capables d'arrêter l'exécution du projet; mais l'intelligence des architecte qui en furent chargés leur fit imaginer de substituer à ces constructions de simples tuyaux de plomb, d'un travail et d'une dépense bien moins considérables.

Sur la hauteur de la première colline, l'eau, amenée par un aqueduc, se répandait dans un réservoir, placé sur une tour carrée. Le mur de ce réservoir, du côté du vallon, était percé de neuf ouvertures ovales, par lesquelles l'eau sortait dans neuf tuyaux de plomb, qui descendaient dans le vallon et remontaient du côté opposé, pour venir aboutir à un autre réservoir situé au même niveau que le premier.

« Dans une construction moderne, dit M. Dupuit, on s'étonnerait à bon droit du grand nombre de tuyaux employés, mais la forme peu résistante des tuyaux romains, leur assemblage imparfait, expliquent jusqu'à un certain point la timidité des architectes à l'égard des tuyaux d'un grand diamètre. Cela est si vrai que, pour le second vallon, qui avait une plus grande profondeur, les tuyaux étaient plus nombreux et d'un plus petit diamètre. Ainsi, non seulement les anciens, pour les conduites forcées, avaient, par rapport à nous, le désavantage du métal, mais ils ne savaient même pas manier le seul qui fût à leur disposition. Cependant, comme on vient de le voir, les avantages que présentent les siphons, pour la traversée des vallées, n'avaient point échappé à quelques architectes intelligents, et ceux qui faisaient encore des ponts aqueducs consultaient plus l'intérêt de leur renommée que celui du trésor public. »

Le problème économique de la conduite des eaux est éminemment complexe. L'ingénieur chargé de le résoudre doit tour à tour appeler à son aide, suivant les circonstances locales, les divers systèmes usités; l'étude complète et détaillée de chaque projet permet seule de déterminer définitivement le choix du système à employer.

Quelques exemples, choisis parmi les distributions

d'eaux les plus remarquables, permettront d'apprécier
l'importance de ces remarques.

§ 2

Eaux de Marly et de Versailles. — Exposé historique des travaux
depuis Louis XIII. — Bièvre. — Étang de Clagny. — Louis XIV. —
Barrage des vallons de Trappe et de Bois-d'Arcy. — Sualem Rennequin. — Premières machines hydrauliques de Marly. — Pont
aqueduc. — Détérioration des machines. — Projet de dérivation
des eaux de l'Eure. — Suspension des travaux. — Les eaux sous
la république et l'empire. — Pompes de Brunet. — Machine à
vapeur. — Établissement de quatre nouvelles roues hydrauliques.
— Description des nouvelles machines de Marly. — Roues. —
Vannes. — Pompes. — Réservoirs d'air. — Conclusion.

Louis XIV, en transportant à Versailles le séjour de la
royauté, voulut en faire la ville des merveilles. Pour l'embellir, l'art, sous toutes ses formes, fut mis à contri-
bution, et, aux magnificences des palais et des jardins,
s'ajoutèrent les splendeurs des grandes masses liquides.
Les prodigieux travaux qu'il fit entreprendre, et qui ab-
sorbèrent des sommes énormes, avaient uniquement
pour but de pourvoir aux besoins du château et de ses
dépendances, et d'embellir les promenades du parc,
soit par l'effet fréquemment répété des jeux hydrauliques, soit par la vue des nappes liquides qui s'étalent à
la surface des bassins, jetés à profusion dans les allées
que le grand roi aimait à parcourir.

Avec ses idées sur l'importance et la valeur personnelle du monarque, Louis XIV ne pouvait un seul instant
songer à détourner une partie des eaux pour les besoins
du public, et ce n'est qu'au commencement du dix-huitième siècle qu'on trouve quelques traces de distributions
faites au profit des princes de la famille royale ou de
quelques grands seigneurs.

Depuis Louis XVI jusqu'à la restauration, on n'entre
que bien lentement dans la voie des concessions, et ce

n'est guère qu'à partir de 1826 qu'on a pu réellement aborder l'importante question de la distribution des eaux aux établissements publics et aux habitants.

Après la chute de l'ancienne monarchie, le cours des idées sur la destination des eaux avait changé ; ce qui, à l'origine, était considéré comme le principal, se trouva relégué au second plan. Le roi, à cette époque, c'était le peuple ; avec une certaine raison, on déclamait contre les exagérations du luxe, et on exaltait les idées utilitaires trop longtemps négligées. Aussi, même sous la restauration, sur la question des eaux, les principes de la révolution continuèrent à triompher et l'on s'occupa très activement de relever Marly de ses ruines, afin de pouvoir faire des distributions d'eau, soit pour les besoins privés, soit pour l'industrie.

De nos jours, de nouvelles améliorations ont été reconnues nécessaires, et les nouvelles pompes de Marly, installées d'après les indications de la science, offrent, par rapport aux anciennes, le double avantage d'une plus grande simplicité et d'un effet utile bien supérieur. Un exposé historique des travaux entrepris, depuis l'origine jusqu'à nos jours, pour amener des eaux à Versailles, nous permettra de comparer les installations faites à diverses époques, et de mettre en évidence les progrès réalisés dans cette importante application de l'hydraulique. La plus grande partie de nos renseignements sera empruntée au rapport de la commission nommé en 1852 pour déterminer les moyens les plus propres à compléter la distribution des eaux à Versailles.

Les premières eaux de Versailles, destinées à alimenter l'établissement de Louis XIII, provenaient de quelques sources naturelles fournies par les terrains environnants ; mais bientôt elles devinrent insuffisantes et, dans l'ignorance où l'on était des moyens à employer pour les augmenter, on imagina de recourir à la Bièvre, dont on barra le cours près de la Minière, pour en former

un petit étang dont les eaux furent élevées avec des
pompes mues par des moulins à vent. Montées ainsi au
sommet de la colline, elles étaient reçues dans les réservoirs du Désert, et amenées ensuite dans un autre réservoir établi sur le haut de la butte de Satory.

Outre les eaux de la Bièvre, qui servaient aux usages
domestiques, on fit arriver au château, après les avoir
élevées par des pompes, celles d'un étang, dit de Clagny, qui recevait alors le produit des sources alimentées
par les eaux d'infiltrations retenues sur les argiles des
coteaux qui sont situés au nord de la ville.

Ces eaux, reçues dans trois réservoirs, servaient à
alimenter les bassins du parc.

En 1662, Louis XIV fit construire des pompes plus
puissantes, établies à la partie inférieure d'une tour
octogonale, au sommet de laquelle était placé le réservoir
nécessaire pour recevoir leur produit, destiné à alimenter
les effets d'eau de la grotte de Thétis.

Mais, dix ans plus tard, Louis XIV ayant définitivement résolu de fixer son séjour à Versailles, les faibles
quantités d'eau fournies par la Bièvre et l'étang de Cha-
gny furent jugées insuffisantes, et l'on vit éclore une
foule de projets, plus ou moins réalisables, pour amener
des eaux abondantes dans cette ville.

Le plus gigantesque de ces projets fut celui proposé
par Riquet, de dériver la Loire pour l'amener à Versailles. Conçu par ce grand homme sur le simple aperçu
de la hauteur du lit de la Loire au-dessus du lit de la
Seine, ce projet ne put résister à l'examen qu'en fit
l'abbé Picart. Ce savant, qui inventa à cette occasion le
niveau à bulle d'air et à lunette, reconnut en effet qu'il
faudrait prendre la Loire à la Charité, mais qu'elle ne
pourrait arriver à Versailles, parce que les plateaux
de la Beauce n'étaient pas assez élevés pour permettre
l'établissement d'une rigole.

On songea alors à tirer partie des ressources naturelles que présentaient les abords de la ville. Les nivellements de l'abbé Picart ayant fait reconnaître que les plateaux argileux situés à l'ouest présentaient, près de Trappes et de Bois-d'Arcy, deux dépressions plus élevées de 5 mètres et de 8 mètres que le réservoir de la Tour, on barra ces vallons pour y arrêter et y accumuler les eaux fournies par les plateaux supérieurs, dans leur cours naturel vers la Bièvre; de nombreuses rigoles furent creusées pour recueillir et faciliter l'arrivée des eaux dans ces étangs.

Ce travail eut un plein succès, et en 1675, les eaux arrivaient à Versailles; mais, en raison de leur teinte blanchâtre, elles ne pouvaient servir aux usages domestiques. D'un autre côté, comme les eaux de sources qui servaient antérieurement au village et au château de Versailles devenaient insuffisantes pour la population de la ville, qui se formait rapidement dans le voisinage de l'habitation royale, on rechercha toutes les sources qui pouvaient exister sur les collines situées au nord et à l'ouest de la nouvelle ville.

Le produit des premières fut dirigé vers Trianon pour arriver de là au château, tandis que les eaux recueillies à Saint-Cyr furent réunies dans le bassin de Choisy, pour alimenter la ménagerie.

En 1675, Colbert, voulant fournir des eaux au parc de Marly, fit venir à Versailles un gentilhomme de Liège, le baron Deville, qui avait établi dans son domaine une machine hydraulique au moyen de laquelle il élevait l'eau à une grande hauteur, et, satisfait de ses explications, le chargea de l'exécution d'un appareil analogue.

Le baron Deville, secondé par un charpentier liégeois, nommé Sualem Rannequin, qu'il avait emmené en France avec lui, s'occupa d'abord de la création d'une chute d'eau sur la Seine. Pour cela, il réunit par des barrages les diverses îles qui se trouvent entre Bezons et

Marly, et, fermant ce bras par des vannes, vers son extrémité inférieure, il put mettre en mouvement 14 roues, d'environ 12 mètres de diamètre, dont les arbres, armés de manivelles, faisaient mouvoir 221 pompes aspirantes et foulantes, étagées sur le flanc du coteau. Les pompes inférieures, au nombre de 64, envoyaient les eaux, par 5 conduites, dans des puisards situés à 50 mètres environ au-dessus de la Seine.

Là elles étaient reprises par 79 autres pompes, qui les portaient à 50 mètres plus haut dans un autre puisard, d'où elles étaient élevées, par une troisième série de 78 pompes, à 155 mètres au-dessus du niveau de la Seine, au sommet de la tour élevée à l'origine de l'aqueduc de Marly, à plus de 1200 mètres du bord de la rivière.

Les pompes des deux étages supérieurs recevaient le mouvement, au moyen des tringles disposées suivant la pente du coteau et reliées, par des boulons, à des supports oscillants, dit varlets, fixés au sol.

Les eaux, ainsi élevées, se rendaient par l'aqueduc, soit au château de Marly, soit à Versailles, en passant dans les réservoirs des deux portes.

Pour arrriver à Versailles, elles étaient dérivées dans un aqueduc, de 6200 mètres de longueur, qui sert encore aujourd'hui à porter, dans le réservoir de la butte de Picardie, les eaux des machines actuelles.

Mais, comme ce réservoir était d'une faible capacité et trop éloigné pour en faire partir la conduite à eau forcée, on chercha, à une moindre distance du château, un emplacement plus favorable pour approvisionner les eaux. On choisit, pour cela, la butte de Montbauron, dont on nivela le sommet et sur laquelle on disposa deux vastes réservoirs, de forme rectangulaire, contenant chacun 60 000 mètres cubes d'eau.

Pour franchir le pli de terrain qui séparait la butte de Montbauron de la butte de Picardie où arrivait l'aqueduc, on avait primitivement construit, de l'une à l'autre, un pont-aqueduc, au sommet duquel on avait établi une rigole pour l'écoulement des eaux; mais ce pont-aqueduc, détruit en 1767, a été remplacé par une simple conduite de fonte, placée sous l'avenue de Picardie.

Malheureusement la machine de Marly, malgré la puissance dont elle disposait, ne put jamais fournir à Versailles qu'un volume d'eau assez restreint, parce que la force motrice était en très grande partie absorbée par les frottements des balanciers et des bielles, au moyen desquelles on transmettait la force des roues aux pistons des deux étages de pompes, échelonnées sur le coteau de Marly.

Le volume élevé par les pompes paraît avoir atteint 250 pouces ou 5000 mètres cubes d'eau en vingt-quatre heures, mais il diminua par l'effet des frottements et de l'usure d'un si grand nombre de pièces mobiles; réduit bientôt à 60 pouces, il ne put suffire à tous les besoins auxquels on avait espéré satisfaire. Aussi, loin d'abandonner les travaux faits antérieurement pour réunir des eaux dans les étangs, on les étendit et l'on songea à la dérivation des eaux de l'Eure.

Chargé des études relatives à ce travail, le géomètre Lahire reconnut la possibilité de l'opération, si l'on prenait l'Eure à Pont-Gouin, à 7 ou 8 lieues au delà de Chartres. La pente, depuis ce point jusqu'au réservoir de la Grotte, à Versailles, était de 27 mètres, c'est-à-dire bien plus que suffisante pour l'écoulement des eaux.

Dès le printemps de l'année 1685, les travaux furent commencés avec 50 000 hommes, dont un tiers de maçons et autres ouvriers et 20 000 soldats.

On creusa, sur 40 kilomètres environ, un canal de 5 mètres de largeur de plafond et 3 mètres de profondeur, depuis Pont-Gouin jusqu'à Berchère-le-Mangot, où

Machine et aqueduc de Marly vers 1725.

la vallée de l'Eure devait être franchie sur un aqueduc
de 6000 mètres de longueur, composé de 242 arcades,
dont les plus élevées auraient eu 68 mètres de hauteur.

L'eau de l'Eure, après avoir traversé la vallée de
Maintenon, devait arriver à Versailles en suivant toujours des canaux à ciel ouvert, creusés dans le sol.

Telle fut l'activité imprimée aux travaux, qu'à la fin
du mois d'août 1685, le canal était creusé depuis Pont-
Gouin jusqu'à Berchère et l'eau introduite dans le canal.
Mais l'aqueduc de Maintenon, dont l'exécution demandait
beaucoup plus de temps, n'était pas terminé en 1687,
lors de la ligue d'Augsbourg, et Louis XIV, n'ayant pas
trop des ressources du trésor pour soutenir la guerre qui
en fut la conséquence, abandonna tout à fait l'idée de la
dérivation de l'Eure, dont il était peut-être dégoûté, tant
par l'énormité des dépenses, que par les maladies
qu'avaient fait naître, parmi les troupes employées à ce
travail, leur accumulation, les logements insalubres
qu'on leur avait créés et probablement aussi les exhalaisons résultant du mouvement des terres dans un sol
humide.

L'idée gigantesque d'amener l'Eure à Versailles n'avait
fait négliger aucun moyen d'augmenter le volume des
eaux. Dans ce but, on construisit rapidement l'étang de
Sarclay, les rigoles qui l'alimentent et les aqueducs nécessaires pour amener les eaux dans les réservoirs.

C'est à cette époque que furent construits les bassins
voisins de la terrasse du château, qui alimentent encore
aujourd'hui toutes les fontaines jaillissantes.

Tel était l'état des choses pendant les dernières années
du règne de Louis XIV, et tel il était encore au moment de
la révolution ; car, pendant plus d'un siècle, il ne fut rien
ajouté à ce qu'il avait fait dans les années prospères de
son règne et, quand les projets importants qu'il avait fait
préparer pour l'amélioration du service allaient être

entrepris, les événements précurseurs de la révolution en arrêtèrent l'exécution.

A cette époque, on abandonna tout ce qu'avait créé la monarchie pour embellir la demeure du souverain, et quand Napoléon, après avoir conquis la paix, voulut relever Versailles de ses ruines, il trouva le système hydraulique établi sous Louis XIV dans l'état le plus déplorable; en 1803, la machine de Marly n'élevait plus que 240 mètres cubes d'eau par jour, après en avoir élevé plus de 5000 à l'origine.

Une commission, nommée par le ministre pour examiner les moyens les plus propres à améliorer l'état du service, conclut à la destruction de l'ancienne machine de Marly et à l'établissement de pompes disposées de manière à élever d'un seul jet 600 pouces d'eau de la Seine, à une hauteur de 83 mètres, et à employer une partie de cette eau à mettre en mouvement une roue qui élèverait 50 pouces d'eau, jusque dans la cuvette de l'aqueduc de Marly.

Un arrêté des consuls ayant ordonné la construction de cette nouvelle machine, elle fut adjugée, mais son exécution fut d'abord suspendue, puis finalement abandonnée, par suite du succès d'une expérience qui démontra la possibilité de résoudre le problème d'une manière beaucoup plus satisfaisante.

Un entrepreneur de charpente, nommé Brunet, proposa d'élever les eaux, d'un seul jet, au sommet de la tour de Marly, ce que l'on n'avait jamais osé tenter jusqu'à cette époque, parce que l'on craignait la rupture des tuyaux. Son projet ayant été approuvé et une des roues mise à sa disposition, il monta sur un arbre deux manivelles, au moyen desquelles il mit en mouvement quatre pompes aspirantes et foulantes, dont le produit passait dans un réservoir d'air, afin d'obtenir un mouvement régulier d'ascension dans la conduite.

La machine, ainsi disposée, fut mise en marche au

mois de septembre 1804, et les eaux montèrent d'un seul jet dans la cuvette de l'aqueduc, où l'on constata qu'il arrivait deux fois plus d'eau qu'avec l'ancien système.

Malgré cet heureux résultat, on ne songea pas à transformer de la même manière les treize autres roues, et, trois années plus tard, on commença l'exécution d'un projet présenté par les frères Périer pour élever toutes les eaux avec deux machines à vapeur; mais les travaux ne tardèrent pas à être abandonnés, et, sur le rapport d'une commission, composée d'ingénieurs et de membres de l'Institut, on arrêta définitivement le projet de la machine à vapeur qui existe encore aujourd'hui.

Comme son exécution demandait un temps assez considérable, et que l'ancienne distribution devenait de plus en plus insuffisante, les constructeurs firent adapter à deux des anciennes roues des pompes disposées dans un système analogue à celui de Brunet. Ce système nouveau, mis en marche pour la première fois en 1817, a été conservé avec avantage jusqu'en 1858, attendu que les deux roues suffisaient pour assurer le service, lorsque les eaux de la Seine se trouvaient à un niveau favorable pour la marche de ces roues.

La machine à vapeur, terminée en 1826, se mettait en marche lorsque la machine hydraulique était arrêtée ou lorsqu'elle ne suffisait pas aux besoins de la consommation de la ville de Versailles. Cette machine était d'un grand secours, puisqu'elle pouvait fournir, à elle seule environ 1800 mètres cubes d'eau en 24 heures, c'est-à-dire près des deux cinquièmes du volume nécessaire. Mais son emploi était ruineux par la grande quantité de combustible qu'elle consommait; le prix de revient de l'eau qu'elle fournissait ne pouvait être évalué à moins de 23 centimes par mètre cube.

La commission de 1852 reconnut que les deux roues volantes étaient dans un état de délabrement avancé et qu'elles étaient impropres à donner satisfaction aux exigences de la consommation, qu'elle prévoyait devoir être portée au chiffre de 5000 mètres cubes par jour. En conséquence, elle fut d'avis qu'il y avait lieu de faire faire tout le service au moyen de trois nouvelles roues hydrauliques, établies en lit de rivière.

Sur les conseils de M. Regnault, membre de l'Académie des sciences, on se décida à employer des roues à palettes, recevant l'eau de côté, qui sont d'une construction facile et d'un entretien très simple.

Quant aux pompes, que ces roues devaient faire mouvoir, M. Regnault fit remarquer qu'elles devaient élever les eaux de la Seine, d'un seul jet, à une hauteur de plus de 150 mètres, et qu'elles éprouveraient, par suite, sur les pistons, une pression de 15 à 16 atmosphères. Dans ces conditions, la marche des pompes doit être modérée, et leur jeu combiné de manière à ce que la colonne d'eau, dans les tuyaux, présente une vitesse sensiblement uniforme, pour éviter les coups de bélier, qui détruiraient promptement les joints et pourraient briser les tuyaux inférieurs.

Tout en étant d'avis que, pour le moment, du moins, trois roues étaient suffisantes, M. Regnault insista vivement pour que les travaux fussent disposés de manière à en recevoir trois nouvelles, sauf à n'établir celles-ci qu'au fur et à mesure des besoins.

A la suite d'une discussion approfondie, les considérations présentées par le savant académicien reçurent l'assentiment de la commission et furent définitivement acceptées par l'administration.

Le travail de la pose des trois premières roues, commencé en 1858, fut terminé en moins d'une année.

L'effet immédiat des travaux destinés à accroître le rendement hydraulique de Marly fut une augmentation de 1000 mètres cubes dans la consommation journalière. Dès lors, on comprit la nécessité d'ajouter une quatrième roue et d'augmenter la capacité des bassins de réception.

Nouvelle machine de Marly.

Cette addition porta à 400 000 mètres cubes environ la quantité de liquide qu'on peut tenir en réserve.

La pose de la quatrième roue, terminée en 1864, permit d'assurer, d'une manière normale, le service de la consommation, qui atteignait à cette époque le chiffre de 8000 mètres cubes par jour.

Après cet exposé historique, destiné à faire comprendre les modifications radicales apportées à l'œuvre de Louis XIV, il ne sera pas sans intérêt d'entrer dans quelques détails sur les dispositions actuelles de l'établissement hydraulique de Marly, lequel, grâce aux perfectionnements successifs qu'il a reçus, est devenu un des modèles les plus remarquables que l'on puisse citer. La plupart des renseignements nécessaires à cette description seront empruntés à une étude très complète sur les eaux de Versailles, due à M. Vallès, ancien ingénieur en chef du service hydraulique du département de Seine-et-Oise.

L'établissement de Marly est situé sur la Seine, en lit de rivière, à l'extrémité d'un long barrage, obtenu en réunissant, comme nous l'avons dit, les nombreux îlots existant entre Bezons et Marly. Ce barrage, qui forme une retenue de 8 kilomètres de développement, était muni, à son extrémité, de vannes, destinées à mettre en mouvement les quatorze roues de l'ancienne machine.

Aujourd'hui ce barrage est également utilisé pour le service de la navigation, au moyen d'une écluse à sas, établie à une faible distance en avant du bâtiment des roues hydrauliques.

Ce bâtiment est disposé de manière à recevoir six roues.

Le mur qui forme sa face sud-est est la dernière branche du barrage ; il est percé de six ouvertures, munies de vannes correspondant aux emplacements des six roues.

A une petite distance est établie une solide estacade en charpente et à claire-voie, destinée à éloigner des vannes motrices les glaces et corps flottants; il en résulte, pour l'enceinte mouillée, voisine de ces vannes, un calme relatif, très favorable à la conservation des machines et à la régularité de leur marche.

Vers la droite de la rivière, et en amont, se trouvent un grand déversoir et de grandes vannes de décharge, qui donnent écoulement à la masse d'eau considérable que les moteurs hydrauliques n'utilisent pas.

De la chambre des roues partent deux conduites ascensionnelles, établies primitivement pour la machine à vapeur et qui ont été conservées provisoirement pour le service des roues. Ces conduites, qui se composent de tuyaux cylindriques en fonte, montent à découvert, appuyées sur le sol, jusqu'à l'aqueduc de Marly.

Arrivées au pied de cet aqueduc, qui n'a pas moins de 600 mètres de long, les eaux s'élèvent verticalement jusqu'à son sommet et le parcourent dans une cuvette en plomb, placée sur son couronnement; parvenues à son extrémité, elles descendent, pénètrent dans un tuyau placé sous terre et qui se recourbe en siphon pour les conduire aux réservoirs des deux portes. Cette disposition est éminemment vicieuse; elle est destinée à disparaître.

L'aqueduc est très monumental sans doute, mais tout à fait hors de propos au point de vue hydraulique, et il y aura tout avantage à le supprimer, en établissant une conduite directe de la chambre des roues motrices aux réservoirs.

Roues hydrauliques. — Les nouvelles roues ont 12 mètres de diamètre, sur une épaisseur de $4^m,50$; elles sont exactement emboîtées dans des coursiers en maçonnerie, de sorte que l'eau ne peut se déverser latéralement et agit par son poids sur les aubes.

Chaque roue se compose de 64 aubes planes ou palettes, formées de fortes planches, assemblées entre elles et solidement fixées par un système d'équerres en fer et de couronnes concentriques.

Vannes. — Avec une largeur de roue aussi considérable, les vannes ont naturellement un grand poids; l'emploi de la tôle a permis de réduire, dans une notable proportion, le poids de ces vannes, tout en leur conservant une force suffisante pour résister à l'effort qu'elles ont à supporter.

Un mécanisme spécial, disposé près de chacune d'elles, permet de les manœuvrer avec la plus grande facilité. Ce mécanisme n'est autre chose qu'un treuil, dont le mouvement se communique, au moyen d'une série d'engre-

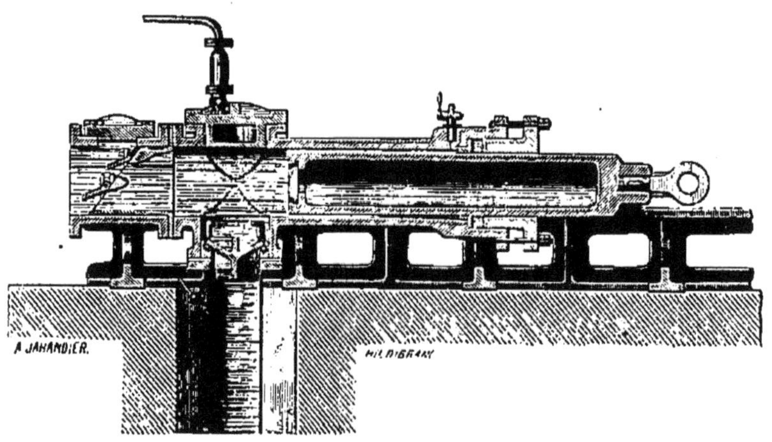

Coupe d'un cylindre et des tuyaux de la machine de Marly.

nages, à deux crémaillères fixées à la vanne. En faisant tourner la manivelle du treuil, dans un sens ou dans l'autre, on communique à la vanne un mouvement d'ascension ou de descente.

Par suite des rapports existant entre les engrenages de la transmission, ce mouvement est très lent, mais aussi l'homme agissant sur la manivelle du treuil n'a plus à exercer qu'un effort très faible.

Pompes. — Chaque roue commande quatre pompes horizontales à piston plongeur et à simple effet.

Le diamètre intérieur de chaque corps de pompe est

de 39 centimètres et l'épaisseur de 3. De larges empatte-
ments servent à le fixer sur un bâti en fonte, solidement
relié au sol par de forts boulons.

Dans ce corps de pompe se meut un long piston creux,
qui passe à frottement doux dans un presse-étoupes, destiné à fermer toute communication avec l'air extérieur.

La tige de ce piston est guidée par des coulisseaux mobiles dans des glissières en fonte, reliées au bâti même
de la pompe.

L'arbre de chaque roue hydraulique est muni, à ses extrémités, de deux fortes manivelles, calées à angle droit.
Sur le bouton de chacune d'elles sont ajustées les têtes
de deux bielles, de sorte que le mouvement est communiqué directement aux pistons de quatre pompes à la
fois.

A l'une des extrémités de chaque corps de pompe, on
a ménagé une tubulure, sur laquelle est fixé le tuyau
destiné à amener l'eau; c'est à cet endroit que se trouve
placé le clapet d'aspiration.

Quand le piston refoule, ce clapet redescend naturellement et, venant s'appuyer sur son siège, rend la fermeture hermétique. Les clapets d'évacuation s'ouvrent alors
pour laisser l'eau, primitivement aspirée, s'échapper par
la conduite de refoulement.

Réservoirs d'air. — Les conduites de refoulement communiquent avec deux grands réservoirs en fonte, qui ont
pour but de régulariser la pression de l'eau par la com-
pression plus ou moins grande de l'air qu'ils contiennent.
Cet air est refoulé par les pompes mêmes, au moyen d'un
petit appareil très simple, appliqué sur les couvercles
des boîtes à clapet d'aspiration.

A chaque aspiration du piston, l'air s'introduit par un
petit tube, muni d'un robinet que l'on ferme, lorsque la
quantité d'air refoulé est suffisante.

L'air, refoulé par toutes les pompes, est amené à l'intérieur de grands réservoirs, où il acquiert une pression

de 16 à 17 atmosphères, c'est-à-dire une pression un peu supérieure à celle de l'eau dans la conduite générale.

En temps normal, lorsque les eaux ne sont pas trop élevées, les roues marchent facilement à la vitesse de trois tours par minute.

La vitesse moyenne, dans le cours de l'année, est un peu inférieure à deux tours et demi.

D'après les nombreuses expériences qui ont été faites à diverses vitesses et sous des charges d'eau différentes, la quantité élevée par chaque roue varie entre 1500 et 2400 mètres cubes par jour.

L'effet utile moyen des trois premières roues installées, en tenant compte du chômage ré-sultant des fêtes, hautes eaux, glaces et réparations des ma-chines, est représenté par un volume de 5600 mètres cubes d'eau montée aux réservoirs des deux portes, par chaque jour de l'année.

La distribution hydraulique de Marly est un des exemples les plus remarquables du concours que l'homme peut demander aux

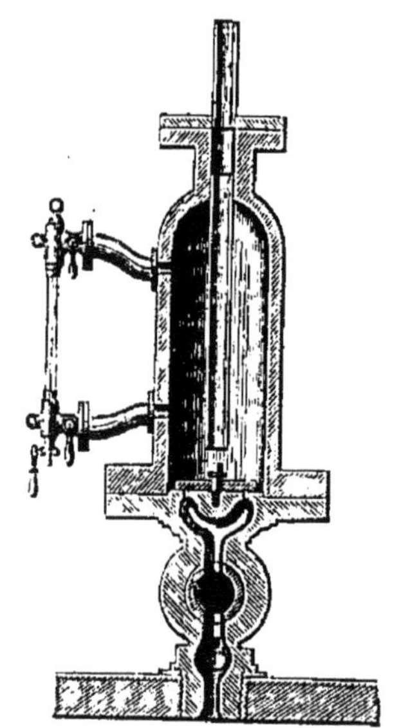

Réservoir d'air.

forces naturelles pour la satisfaction de ses besoins.

Cette eau qu'il emploie à des usages si nombreux et si variés, la rivière non seulement la lui fournit, mais encore elle l'élève à une grande hauteur et l'amène là où il le désire, en suivant le chemin qu'il lui a tracé.

Mais, pour arriver à ce merveilleux résultat, à ce triomphe complet de la volonté intelligente, que d'efforts accumulés depuis l'origine du monde !

Il ne suffit pas que des forces existent, il faut encore savoir les utiliser, et, pour cela, la connaissance des lois suivant lesquelles elles se produisent est indispensable. De là l'immense intérêt que présentent, pour l'humanité tout entière, les recherches des savants de tous les temps et de tous les pays. Chaque génération, profitant des découvertes de celles qui l'ont précédée, fait un pas de plus dans la voie du progrès et recule de plus en plus les limites de l'inconnu.

Et, pour rentrer dans notre sujet, les transformations successives de Marly ne sont qu'une manifestation de cette loi du progrès dans les créations mécaniques. Quelle différence entre l'installation actuelle et celle de Sualem Rennequin! Et pourtant cette dernière fut long-temps considérée comme une merveille.

A l'époque où l'ouvrier liégeois entreprenait ce grand œuvre, les conditions étaient bien différentes de ce qu'elles sont aujourd'hui.

Personne n'aurait osé transporter d'un seul coup, à la prodigieuse hauteur de 160 mètres, l'eau puisée directement à la Seine; l'imperfection relative des procédés mécaniques ne permettait pas de construire des corps de pompes capables de résister à l'énorme pression de 16 atmosphères, en restant suffisamment étanches. Comment d'ailleurs régulariser, sans réservoir d'air, le mouvement dans les conduites de cette énorme masse d'eau? et l'emploi des réservoirs d'air était inconnu.

Quant aux appareils moteurs eux-mêmes, ils étaient forcément imparfaits, par suite de l'ignorance où l'on était des meilleures conditions à réaliser pour leur mar-che. Telle roue bien construite permettra de recueillir les trois quarts de la puissance totale d'une chute d'eau, tandis qu'on en obtiendra le tiers et même une fraction beaucoup plus faible, si l'on s'écarte notablement des indications fournies par le calcul et l'observation.

Cette question de meilleure utilisation a une impor-tance capitale, lorsque la puissance de la chute n'est que très peu supérieure à celle dont on a réellement besoin.

Il n'en est plus tout à fait de même lorsque, comme à Marly, une faible partie seulement doit être utilisée; mais, même dans ce cas, elle offre encore un très grand intérêt. Pour produire le même effet, n'est-il pas avantageux de n'employer qu'une seule roue au lieu de deux, ou même un plus grand nombre, puisqu'on réduit à peu près dans la même proportion les frais d'installation et d'entretien?

Aujourd'hui, à Marly, avec 3 roues et 12 pompes seulement, la quantité d'eau élevée est de beaucoup supérieure à celle que donnaient les 14 roues et les 231 pompes de Sualem Rennequin. Un pareil résultat répond victorieusement à l'argument, tant de fois répété, de l'inutilité de la science dans les applications.

§ 5

Eaux de Paris. — Historique. — Aqueduc d'Arcueil des Romains. — Eaux de Belleville et des Prés-Saint-Gervais. — Pompe de la Samaritaine. — Abus des concessions gratuites. — Pompes du pont Notre-Dame. — Projet de dérivation des eaux de l'Yvette. — Élévation directe des eaux de la Seine. — Machines à vapeur de Chaillot — du Gros-Caillou. — Dérivation de la Bièvre. — État de la distribution à la fin du dix-huitième siècle. — Canal de l'Ourcq. — Fontaine des Innocents. — Puits de Grenelle et de Passy. — Nouvelles machines de Chaillot, du pont d'Austerlitz. — Situation du service en 1860. — Inconvénients constatés des eaux de la Seine et du canal de l'Ourcq. — Projets de dérivation de la Somme-Soude, de la Dhuis et de la Vanne. — Construction des aqueducs de dérivation. — Réservoir de Ménilmontant. — Emploi des eaux de diverses provenances dans le système définitif de distribution.

Depuis une trentaine d'années, le système de distribution des eaux, dans la ville de Paris, est en train de subir une transformation radicale. L'administration qui a créé dans la grande cité ces magnifiques voies, destinées à faire circuler partout l'air et la lumière, a voulu également la doter d'eaux pures et abondantes.

La science et l'art ont dignement répondu à son appel,

et le grand travail dont nos ingénieurs poursuivent aujourd'hui la réalisation sera considéré un jour comme une merveille. Nous essayerons d'en faire comprendre l'utilité et la grandeur, après avoir rapidement exposé l'historique des eaux de Paris, depuis l'origine jusqu'à nos jours.

Sous la domination romaine, la ville de Lutèce n'était alimentée que par deux aqueducs, dont le plus important, celui d'Arcueil, avait été, dit-on, construit par ordre de l'empereur Julien, pour amener les eaux de la source de Rungis.

Pendant bien des siècles, malgré les accroissements de la population, aucun travail ne fut exécuté, et il faut arriver au huitième pour signaler l'existence d'un nouvel aqueduc, construit par les moines de l'abbaye de Saint-Laurent, pour recueillir une partie des sources des Prés-Saint-Gervais. Plus tard, un autre aqueduc fut également construit par des religieux pour recueillir les sources voisines de Belleville.

Les marnes gypseuses, qui sont directement situées au-dessous des terrains d'où sortent ces sources, leur communiquent une notable proportion de sulfate de chaux. Dures et séléniteuses, les eaux de Belleville et des Prés-Saint-Gervais sont les plus mauvaises de toutes celles qui existent dans le bassin de la Seine, et pourtant elles ont alimenté en partie Paris jusqu'au commencement du dix-septième siècle, c'est=à-dire jusqu'à l'époque où fut construite la pompe de la Samaritaine, destinée à élever les eaux de la Seine.

Ce n'est que sous Philippe-Auguste que les deux aqueducs dont nous venons de parler furent prolongés et amenés dans la ville pour l'entretien des fontaines publiques; celles des Innocents et des Halles étaient alimentées par les eaux des Prés-Saint-Gervais.

A la fin du quinzième siècle, le nombre des fontaines publiques s'élevait à seize, mais le volume d'eau dispo-

nible était toujours le même, c'est-à-dire très insuffisant. Pour en donner une idée, qu'il nous suffise de
dire que le volume total des eaux fournies par les deux
aqueducs ne dépassait pas 300 mètres cubes par
24 heures. Comme, à cette époque, Paris renfermait
260 000 habitants, il s'ensuit que le volume d'eau distribué n'était guère supérieur à 1 litre par habitant. Il
n'est d'ailleurs pas inutile de remarquer que, par suite
de l'abus des concessions particulières, faites gratuite-
ment aux abbayes et aux personnages puissants, la quantité réellement disponible était inférieure à celle que
nous venons d'indiquer.

Malgré tous les édits, de temps à autre les fontaines
publiques cessaient de couler; il y avait disette d'eau,
et il fallait aller puiser directement au fleuve ou dans les
puits des maisons particulières celle dont on avait besoin.

Henri IV réduisit considérablement le nombre des concessions gratuites; elles descendirent à quatorze ou quinze;
en même temps, il institua le système des concessions
acquises à prix d'argent.

Malgré ces sages réformes, l'eau manquait souvent, et,
pour calmer les plaintes du peuple, le bon roi décida
qu'on rendrait à l'alimentation publique le volume d'eau
qui était fourni au Louvre et aux Tuileries. C'est dans ce
but qu'il approuva le projet de la pompe de la Samari-
-taine, destinée à élever l'eau de la Seine dans un réservoir,
établi au-desssus du Pont-Neuf et en communication avec
les maisons royales. La pompe de la Samaritaine était
mue par une roue hydraulique. C'était la première application des machines à l'élévation des eaux du fleuve et,
à ce point de vue, elle présente un certain intérêt historique.

Le couteau de Ravaillac empêcha Henri IV de mettre
à exécution le projet qu'il avait formé d'amener dans
Paris, pour l'usage des habitants, les eaux de la source
d'Arcueil.

Ce projet fut repris par Marie de Médicis, lors de la construction du palais du Luxembourg.

La première pierre du grand regard des fontaines que devait alimenter l'aqueduc d'Arcueil fut posée en 1613 par Louis XIII, accompagné de la reine régente. En 1623, c'est-à-dire dix années plus tard, les eaux arrivèrent au regard de distribution, et elles servirent à alimenter quatorze fontaines établies sur la rive gauche.

Cette dérivation fit jouir la ville de Paris d'un volume d'eau à peu près double de celui qu'elle avait eu jus-

Aqueduc d'Arcueil (État actuel).

qu'alors à sa disposition. Mais, malgré l'amélioration qui aurait dû en résulter pour le public, la pénurie ne tarda pas à reparaître dans le volume d'eau distribué aux habitants, grâce à l'abus des concessions gratuites, qu'on s'était empressé de rétablir sous le nouveau règne. Les besoins publics étaient sacrifiés au luxe de quelques riches personnages.

Les conduites particulières étaient directement bran-chées sur celles de la ville, sans avoir égard à la pression à laquelle elles étaient soumises ; un édit de Louis XIII fit disparaître en partie cet abus, en établissant des châteaux d'eau, c'est-à-dire des réservoirs spéciaux, comme origine des conduites particulières à écoulement continu.

Sous Louis XIV, même négligence, même abus dans le service des eaux de la capitale. Grâce à l'absence complète de contrôle, des entrepreneurs, et même de simples ouvriers disposaient de toutes les clefs des regards et des cuvettes de distribution et en profitaient pour opérer des détournements au profit de particuliers.

Pour mettre un terme à un abus aussi criant, il ne fallut rien moins qu'un édit ordonnant qu'à l'avenir toutes les clefs des établissements hydrauliques seraient déposées à l'Hôtel de ville. Mais, à peu près à la même époque, on décidait que le prévôt et les échevins sortant de charge auraient la jouissance d'une concession gratuite. Comme d'ailleurs l'édit de Louis XIII sur la création des châteaux d'eau n'avait pas été rigoureusement observé, les concessionnaires usaient largement de l'eau dont ils pouvaient disposer, non seulement pour leurs besoins, mais encore pour leur bon plaisir et, en particulier, pour l'entretien des jets d'eau destinés à la décoration de leurs jardins. Inutile de dire que, pendant ce temps-là, pour le plus grand nombre des consommateurs, l'eau manquait, à tel point qu'en 1666, un arrêt du conseil du roi dut révoquer toutes les concessions accordées jusqu'à ce jour.

Cet arrêt, qui montre clairement quelle était, à cette époque, la situation du service des eaux, mérite d'être cité textuellement :

« Sa Majesté ayant été informée de l'état où se trouvaient à présent les fontaines publiques, que les unes ne fournissaient plus d'eau, et les autres en si petite quantité, que les habitants de la bonne ville de Paris en souffraient beaucoup d'incommodités, ce qui provenait des différentes concessions qui avaient été ci-devant faites par les prévôts des marchands et échevins de ladite ville, tant à aucuns princes, officiers de la couronne, compa-

gnies souveraines, qu'auxdits prévôts des marchands,
officiers et bourgeois de ladite ville; ce qui est porté à
un tel excès que le public manquant d'eau, plusieurs
particuliers en abondent dans leurs maisons, non seulement par leurs robinets, mais par des jets jaillissants et
pour le plaisir; ce qui était un désordre auquel étant
nécessaire de remédier...

« ... Sa Majesté, étant en son conseil, a révoqué et
révoque toutes les concessions, etc..., ordonne Sadite
Majesté... que tous les bassinets qui ont été mis au bassin
public qui reçoit les eaux aux regards des fontaines, et
les tuyaux qui conduisent aux hôtels et maisons particulières seront ôtés desdits regards... même les tuyaux
entés sur les tuyaux publics, etc... »

Cette ordonnance eut naturellement le sort de toutes
les précédentes; elle ne remédia à rien. Les 600 ou
700 mètres cubes dont on disposait étaient, dans tous les
cas, complètement insuffisants pour une population aussi
nombreuse. La seule réforme sérieuse à réaliser, le seul
moyen radical de remédier à une situation aussi difficile,
c'était d'augmenter, dans une notable proportion, la
quantité d'eau disponible.

Cette nécessité une fois reconnue, les projets ne se
firent pas attendre. Parmi tous ceux qui furent présentés
à cette époque, un seul parut assez sérieux pour être
exécuté : il était dû à un simple ouvrier, le sieur Daniel
Jolly, chargé de la conduite de la pompe de la Samaritaine. Il proposa d'installer, près du pont Notre-Dame,
une machine à quatre corps de pompe, à la place d'un
moulin à blé, que faisait mouvoir le courant du fleuve.
Les eaux élevées par cette machine devaient servir à l'alimentation des fontaines publiques de la capitale.

Le sieur Jolly fut chargé lui-même de l'exécution des
travaux aux conditions qu'il avait fixées. Sa machine,
terminée au bout de dix-huit mois, donna environ
600 mètres cubes d'eau par vingt-quatre heures, c'est-à-

Anciennes pompes du pont Notre-Dame.

dire une quantité presque égale à celle dont on avait disposé jusqu'alors.

Le projet du sieur Jolly était à peine accepté, qu'un trésorier de la fauconnerie, Jacques de Manse, gendre de l'illustre Riquet, proposa l'établissement d'une seconde machine hydraulique, composée de huit corps de pompe, qui devait recevoir son mouvement d'un second moulin, établi au-dessous du premier. Grâce aux ressources dont disposait le trésorier, sa machine fut terminée et reçue avant celle du sieur Jolly; elle fournissait un volume d'eau à peu près double, c'est-à-dire 1100 mètres cubes.

Quinze nouvelles fontaines publiques, érigées en moins de deux ans, avec un grand luxe de sculptures et d'inscriptions, reçurent une partie des eaux des pompes Notre-Dame.

Cependant ces machines ne tardèrent pas à se détériorer et à descendre au tiers de ce qu'elles fournissaient précédemment. Sualem Rennequin, auquel on doit la première machine hydraulique de Marly, fut chargé de les réparer et, pendant quelque temps, leur produit se rapprocha de ce qu'il était primitivement.

A la fin du dix-septième siècle, le volume total d'eau dont on disposait, en vingt-quatre heures, était de 1800 à 2000 mètres cubes, dont les deux tiers étaient fournis par les pompes Notre-Dame. Comme le nombre des habitants était de 500 000 environ, la quantité d'eau distribuée était à peine de 4 litres par tête, quantité bien faible, si on la compare à celle que les ingénieurs admettent comme indispensable dans les nouvelles distributions.

Cet état, d'ailleurs si précaire, ne tarda pas à s'aggraver, par suite de la négligence apportée dans l'entretien des appareils hydrauliques de la ville; il fallut songer à créer de nouvelles ressources et on vit reparaître, au dix-huitième siècle, une série de nouveaux projets, dont la plupart, mal conçus, mal étudiés, ne tardèrent pas à rentrer dans l'ombre.

Quelques-uns cependant méritent d'être signalés et, en particulier, celui qui fut présenté par Deparcieux. Il proposait d'établir un canal de dérivation pour amener à Paris les eaux de l'Yvette, petite rivière qui se jette dans la Seine, au-dessus de Longjumeau. Un aqueduc, de 4 kilomètres de longueur, devait fournir, d'après les évaluations de l'auteur du projet, le volume relativement énorme de 24 000 mètres cubes par jour, à 5 mètres au-dessus du réservoir des eaux d'Arcueil. Telle était l'imperfection de l'analyse chimique, à cette époque, que l'Académie des sciences, consultée sur la valeur du projet, reconnut que la composition des eaux de l'Yvette ne différait pas sensiblement de celle des eaux de Seine. En réalité, elles sont beaucoup plus dures et moins agréables au goût.

En somme, ce projet, qui d'ailleurs ne fut pas exécuté, n'aurait donné qu'une médiocre solution de la question des eaux.

A la même époque, une compagnie s'était formée pour mettre à exécution un plan rival de celui de Deparcieux ; elle se proposait d'établir, à la pointe de l'île Saint-Louis, des machines à feu, destinées à élever les eaux de la Seine. L'opinion publique était partagée entre les systèmes proposés ; toutes les notabilités scientifiques de l'époque prenaient parti pour l'un ou pour l'autre, et l'on vit se produire, dans la seconde moitié du dix-huitième siècle, comme de nos jours, d'interminables discussions sur la question de savoir s'il était plus avantageux de dériver des eaux éloignées, pour les amener à une hauteur suffisante, ou d'élever directement par des machines celles de la Seine. La seule différence, et elle est capitale, c'est qu'en 1864, la question a été péremptoirement tranchée, tandis qu'un siècle auparavant, la ville ne put jamais réunir les fonds nécessaires à l'exécution du projet de dérivation, qui avait été définitivement admis et étudié, dans tous ses détails, par deux célèbres ingénieurs, de Chézy et Perronet.

En présence d'une impossibilité aussi radicale que le manque d'argent, le projet de dérivation de l'Yvette fut complètement abandonné. C'est alors que les frères Périer, qui tenaient la première place dans l'industrie française, proposèrent de revenir à l'élévation directe des eaux de la Seine. Cette fois, l'idée fit de rapides progrès dans la faveur du public, grâce à une circonstance particulière.

La machine à vapeur était d'invention toute récente, et l'un des frères Périer, qui s'était rendu en Angleterre pour l'étudier, avait rapporté des ateliers du célèbre Watt une pompe à feu. L'admiration qu'excitait, à juste titre, cette invention grandiose, destinée à transformer le travail mécanique, contribua beaucoup à faire triompher le système proposé.

En 1777, des lettres patentes du parlement autorisèrent les frères Périer à construire, à leurs frais, dans les lieux désignés par le prévôt des marchands, les pompes et machines à feu destinées à l'élévation des eaux de la Seine, à conduire cette eau dans les différents quartiers de la ville, pour y être distribuée aux particuliers et aux porteurs d'eau; à établir à certains lieux désignés des fontaines de distribution; à placer sous le pavé des rues les conduites, regards, etc.

Un privilège exclusif de quinze ans leur était accordé, à condition que, dans un délai de trois années, le volume distribué serait de 150 pouces, ou environ 3000 mètres cubes par jour.

La compagnie fondée par les frères Périer s'organisa rapidement. Les premières machines à vapeur établies furent celles de Chaillot. D'après les prospectus de MM. Périer, elles montèrent, en 24 heures, 13 000 mètres cubes, à 33 mètres au-dessus de la Seine, dans quatre réservoirs, établis sur les hauteurs de Chaillot. En réalité, comme nous le verrons plus loin, ce volume ne fut jamais atteint.

Le choix de cet emplacement de Chaillot, situé à l'aval de Paris, c'est-à-dire dans la localité la plus défavorable pour recueillir de l'eau potable, était une lourde faute. Peut-être doit-on l'attribuer à ce que ces coteaux, se trouvant très rapprochés de la Seine, permettaient d'établir les réservoirs à une faible distance des machines.

L'établissement de Chaillot se composait de deux pompes, qui commencèrent à fonctionner en 1782. Quelques années plus tard, deux nouvelles machines furent établies au Gros-Caillou.

Par suite de l'agiotage effréné qui régnait à cette époque, le résultat des pompes à feu fut désastreux, au point de vue financier, et les partisans des dérivations crurent le moment favorable pour présenter de nouveaux projets.

En 1782, un ingénieur, M. de Lanouerre, proposa de dériver les eaux de la Bièvre, et son projet parut tellement séduisant, que l'exécution en fut autorisée par un arrêt du conseil d'État.

Mais les travaux étaient à peine commencés que, sur les plaintes des nombreux industriels établis sur le bord de la rivière et des propriétaires dont les terrains devaient être traversés par le canal, un arrêt motivé suspendit définitivement leur exécution.

Les bouleversements politiques de la fin du dix-huitième siècle paralysèrent pour longtemps les projets d'amélioration du service des eaux.

A cette époque, Paris comptait 550 000 habitants ; l'eau distribuée était de 8000 mètres cubes par jour, soit environ 14 litres par tête.

Il faut arriver jusqu'à l'année 1797 pour assister aux débuts de cette grande entreprise qui devait se terminer par la construction du canal de l'Ourcq, dont les eaux ont

constitué jusqu'à ces dernières années la majeure partie
de l'alimentation parisienne.

L'Ourcq est un affluent de la Marne; depuis longtemps
on avait songé à utiliser ses eaux, relativement très abondantes, en les dérivant sur Paris. Parmi tous les projets
qui avaient été étudiés dans ce sens, dès le commencement du seizième siècle, le plus remarquable était
celui de Riquet, l'immortel auteur du canal du Languedoc.

Il proposait d'amener l'Ourcq à Paris au moyen d'un
canal, qui aurait débouché juste au pied de l'arc de
triomphe du faubourg Saint-Antoine; les eaux devaient
être utilisées en partie pour l'entretien de nouvelles fontaines, le lavage des égouts, l'embellissement des jardins
publics, etc. Malgré le génie de son auteur, ce projet ne
fut pas mis à exécution.

Après de nouvelles études, on eut l'idée de profiter de
la large coupure qui existe de Claye à Saint-Denis, pour
établir le débouché du canal de dérivation à la Villette,
c'est-à-dire à une hauteur relativement considérable.

L'exécution du canal fut ordonnée par un décret du
Corps législatif, en l'an X.

Un arrêté du premier consul spécifia « que les travaux
relatifs à la dérivation de l'Ourcq seraient commencés le
1er vendémiaire an XI; que les fonds nécessaires seraient
prélevés sur le produit de l'octroi..... que le préfet de la
Seine serait chargé de l'administration générale de tous
les travaux, lesquels seraient exécutés par les ingénieurs
des ponts et chaussées. »

M. Girard fut nommé ingénieur en chef des travaux du
nouveau canal. A la date fixée par le premier consul, les
travaux furent commencés, et l'exécution en fut poussée
avec la plus grande activité. Le 15 août 1809, jour de
la fête de l'empereur, les eaux, introduites pour la première fois dans les conduites de la ville, coulèrent en
larges nappes, à la fontaine des Innocents, à la grande

admiration d'un public dont les yeux étaient habitués à ne voir qu'un maigre filet d'eau s'échapper des fontaines de Paris.

Deux ans plus tard, les mêmes eaux jaillissaient de la fontaine du Château d'eau, qui a été récemment supprimée.

Mais, à partir de 1813, les revers de nos armées et l'invasion de la France, qui en fut la conséquence, vinrent complètement paralyser les travaux entrepris.

Au 31 décembre 1815, les dépenses faites s'élevaient à 22 millions environ, et celles qui restaient à faire étaient évaluées à 35 millions.

Dans les premières années de la Restauration, l'état des finances ne permettait guère à la ville de Paris d'achever les travaux du canal de l'Ourcq, et on songea à faire terminer cette grande entreprise par une compagnie, à laquelle on abandonnerait, pendant un certain temps, les produits du canal.

Par le traité conclu, en 1818, entre la ville et la compagnie qui s'était formée, à l'instigation de M. Girard, la ville de Paris accordait une subvention de 7 500 000 francs, avec la concession des péages et des revenus territoriaux des canaux de l'Ourcq et de Saint-Denis et du bassin de la Villette, pendant quatre-vingt-dix-neuf ans, à la condition que la compagnie achèverait les travaux à ses frais et les entretiendrait jusqu'à l'expiration de la concession.

Le canal Saint-Denis fut ouvert en grande pompe, en présence de la cour, au mois de mai de l'année 1821.

Quant au canal de l'Ourcq, il était entièrement ouvert à la fin de l'année suivante.

L'énorme quantité d'eau fournie par la dérivation de l'Ourcq permit enfin de donner à la distribution d'eau dans Paris un développement digne de l'importance de cette grande ville.

Malheureusement, cette dérivation est en même temps un canal de navigation ; ses eaux, incessamment altérées

par les bateliers, exposées, d'ailleurs, à toutes les alternatives de température, sont loin de réunir les qualités
qu'on demande aux eaux potables.

Aussi doit-on se féliciter de ce que, dans le nouveau
système de distribution en voie d'exécution, l'œuvre de
M. Girard se trouvera rendue à sa véritable destination :
l'eau du canal sera réservée pour le lavage des rues et
des égouts et l'alimentation des fontaines monumentales.

En 1841, l'achèvement de la dérivation du Clignon,
l'un des affluents de la rive gauche de l'Ourcq, est venu
augmenter de 30 000 mètres cubes environ la quantité
d'eau que la ville peut prendre, chaque jour, dans le
bassin de la Villette, et la porter à 105 000 mètres
cubes.

Nous ne citerons que pour mémoire les forages de
Grenelle et de Passy, dont la construction a été indiquée,
avec quelques détails, au chapitre des puits artésiens.

De tous les établissements hydrauliques dont nous
venons d'esquisser rapidement les créations successives,
plusieurs ont cessé, depuis quelques années, de concourir
au service des eaux de la capitale.

Un des plus anciens, celui de la Samaritaine, a disparu
en 1813, après plus de deux siècles d'existence.

Les pompes du pont Notre-Dame, construites environ
soixante ans plus tard, après avoir été réparées un grand
nombre de fois, ont fini par être complètement aban-
données en 1858.

Les fameuses pompes à feu de Chaillot, établies en
1782 par les frères Périer, ont eu une existence beaucoup plus courte. L'une d'elles à été supprimée en 1851,
et l'autre ne lui a survécu que deux années.

Il ne faut pas oublier que ces machines, installées à
une époque où l'emploi de la vapeur était encore imparfaitement connu, présentaient nécessairement de
graves imperfections, qui rendaient leur service irré-
gulier et peu économique.

La quantité de charbon qu'elles consommaient était relativement considérable, cinq ou six fois supérieure, au moins, à celle qu'exigent les machines actuelles; pour parler le langage technique, elle consommaient plus de 7 kilogrammes de charbon par heure et par force de cheval, tandis qu'il n'est pas rare aujourd'hui de trouver des machines où cette dépense descend au-dessous de $1^k,25$.

Les machines du Gros-Caillou, installées à peu près à la même époque et par les mêmes constructeurs, présentaient naturellement des imperfections identiques; elles ont disparu en 1858.

Toutes ces machines offraient, d'ailleurs, le grave, inconvénient d'être beaucoup trop faibles, et la quantité d'eau qu'elles élevaient n'était plus en rapport avec les besoins de la ville.

De nouvelles machines, beaucoup plus puissantes, étudiées par les ingénieurs du service municipal, furent commandées au Creuzot, pour être installées sur l'emplacement des anciennes.

Cette mesure, qui fut prise dans un but d'économie, était, comme nous l'avons déjà fait remarquer, une faute capitale au point de vue de la qualité de l'eau, puisque, à la hauteur de Chaillot, la Seine se trouvait alors souillée par les déjections de nombreux égouts.

Les deux nouvelles machines de Chaillot ont été installées, l'une après l'autre, en 1853 et 1854. Elles sont à simple effet, c'est-à-dire que l'action de la vapeur ne se produit que pendant l'aspiration; quant au refoulement de l'eau, il est produit par de lourds contrepoids fixés aux pistons des pompes. Pendant plusieurs années, leur marche a présenté beaucoup d'irrégularité, par suite d'une circonstance particulière que nous devons signaler.

Lorsque le refoulement se produit par un contrepoids, il est indispensable que l'eau soit toujours élevée au même niveau; autrement, si ce niveau varie, s'il vient à

Coupe d'une des machines à vapeur
de l'établissement de Chaillot.

baisser, par exemple, la résistance opposée au piston diminuant, le contrepoids n'est plus équilibré, et prend en descendant une trop grande vitesse, qui peut entraîner de nombreux accidents dans les soupapes et les clapets. Si le niveau s'élève, le contrepoids devient trop faible, et le piston cesse de monter. Il est donc indispensable que le travail des pompes s'effectue sous une pression d'eau sensiblement constante.

Cette condition ne fut réalisée qu'en 1857, après l'achèvement des réservoirs de Passy, dans lesquels l'eau refoulée arrive à un niveau invariable. Jusqu'à cette

Nouveau réservoir de Chaillot.

époque, les pressions variables sous lesquelles travaillaient les pompes donnaient lieu à des chocs et, par suite, à des accidents fâcheux.

Les machines de Chaillot marchent sans détente, c'est-à-dire que la vapeur agit pendant toute la course du piston ; ce mode d'emploi de la vapeur est désavantageux, au point de vue de la consommation du combustible ; aussi, malgré tous les perfectionnements apportés au service de ces machines, la dépense de charbon, par heure et par force de cheval, n'a jamais pu descendre au-dessous de 2 kilogrammes et demi.

Pour les machines qui ont remplacé celles du Gros-Caillou, on n'a pas commis la faute que nous avons signalée pour celles de Chaillot; elles ont été installées en amont du pont d'Austerlitz, de sorte que l'eau qu'elles puisent n'est pas souillée par les déjections des nombreux égouts de la capitale. Construites par M. Farcot, un de nos plus habiles constructeurs, les machines du pont d'Austerlitz sont bien supérieures à celles de Chaillot; leur consommation de charbon est notablement inférieure à 2 kilogrammes.

Aux machines de Chaillot et du pont d'Austerlitz vinrent s'ajouter celles qui avaient été installées par la compagnie générale des eaux pour l'alimentation de la banlieue; ces machines ont été cédées à la ville, lorsqu'on lui a annexé la zone de la banlieue comprise entre l'ancien mur d'enceinte et les fortifications.

La quantité d'eau que pouvaient élever toutes ces machines était de 75 000 mètres cubes par jour. Toutefois, par suite des nettoyages et des réparations, toutes les machines ne pouvaient pas marcher en même temps, et la quantité réellement élevée par jour n'était, en moyenne, que de 42 000 mètres cubes.

En résumé, en 1860, la ville de Paris disposait de 160 000 mètres cubes d'eau dont 105 000 fournis par le canal de l'Ourcq, 42 000 par les machines, et le reste par l'aqueduc d'Arcueil et les puits artésiens de Grenelle et de Passy.

Il y a loin de ce chiffre aux 1800 mètres cubes d'eau que recevait cette grande cité, à la fin du dix-septième siècle, alors que la population était presque le tiers de ce qu'elle est aujourd'hui.

Sur ce volume de 160 000 mètres cubes, 70 000 étaient affectés aux services privés, 80 000 aux services publics, aux cascades du bois de Boulogne et aux établissements de l'État et de l'Assistance publique; 10 000 mètres cubes environ restaient disponibles.

Telle était, en 1860, la situation du service des eaux de la ville de Paris. Malgré son apparence de grandeur, elle présentait cependant d'assez graves imperfections, surtout au point de vue des eaux potables, et l'administration municipale devait tenir à honneur d'inaugurer un système nouveau réunissant, autant que possible, toutes les conditions d'une distribution parfaite. Ces conditions, pour une ville comme Paris, sont très variées.

Les quantités d'eau à distribuer doivent être non seulement suffisantes, mais encore supérieures aux besoins des habitants; cette eau doit pouvoir être conduite à bas prix à tous les étages de chaque maison, quelle que soit son altitude. Il faut, de plus, qu'elle soit d'une irréprochable pureté, qu'elle n'ait pas besoin d'être filtrée et puisse être consommée telle qu'elle sort des conduites publiques. Une autre condition, non moins importante, c'est qu'elle soit, autant que possible, indépendante de la température extérieure, afin de n'être ni trop chaude en été, ni trop froide en hiver.

Toutes ces conditions étaient loin d'être complètement remplies dans le système de distribution que nous avons essayé de faire connaitre et qui, comme on l'a vu, n'est alimenté que par les eaux du canal de l'Ourcq et celles de la Seine. Est-il besoin de rappeler que le canal de l'Ourcq est non seulement une conduite d'eau potable, mais encore une voie de navigation et que, par suite, ses eaux, naturellement très dures, sont incessamment salies par les déjections des mariniers et par les nombreux bateaux qui le parcourent dans les deux sens?

Quant à la Seine, c'est le réceptacle des déjections et des résidus d'une population de plus de 2 millions d'habitants. L'impureté de ses eaux, distribuées à Paris pour la consommation publique, a été directement établie par de nombreuses observations faites sur les réservoirs de plusieurs quartiers. Nous empruntons à un mémoire de M. le docteur Bouchut, agrégé à la faculté de médecine de Paris, quelques passages d'où ressort clairement le triste état d'impureté de l'eau des réservoirs soumis à son examen :

« Dans le réservoir de la rue Racine, l'eau, qui a une profondeur de 4 mètres, tient en suspension, par moments, des myriades de particules jaunâtres qui lui donnent l'apparence d'une émulsion épaisse, semblable à de la boue. En retirant un seau de cette eau, on voit qu'elle est remplie d'êtres vivants. »

Au réservoir du Panthéon, les faits constatés ne sont pas moins saillants.

« L'eau, dit M. Bouchut, tient souvent en suspension une innombrable quantité d'êtres vivants, qu'on prend à la cuiller, comme dans un potage. Il s'y développe quelquefois des poissons dont les germes ont dû traverser les corps de pompes de la machine de Chaillot pour remonter dans les bassins. On y a trouvé un poisson qui pesait plus d'une demi-livre et qui a été remis à l'ingénieur. »

Des faits analogues ont été observés dans tous les réservoirs alimentés par l'eau de Seine et l'eau de l'Ourcq, tandis que, dans les réservoirs de l'Observatoire, alimentés par l'aqueduc d'Arcueil, l'eau a la limpidité du cristal; rien n'en trouble la pureté et elle ne renferme jamais aucun infusoire végétal ou animal.

Que conclure de ces observations? C'est qu'évidemment la production des infusoires est due aux déjections organiques déversées dans le fleuve et dans le canal.

Cette impureté des eaux de la Seine tient, comme nous l'avons dit, à ce qu'elle reçoit, par d'immenses égouts, toutes les immondices provenant des eaux ménagères, des fosses d'aisances et des industries qui s'exercent au sein de la capitale. Ce sont ces immondices qui fournissent la substance des êtres organisés dont nous venons de signaler l'existence.

Il est juste, toutefois, de remarquer que la construction

de l'égout collecteur d'Asnières, qui transporte à l'aval de Paris les produits de la plus grande partie des petits égouts, a contribué à assainir les eaux de la Seine à l'intérieur de la ville ; à ce même but d'amélioration concourent les deux grands égouts collecteurs des quais.

L'administration municipale comprit rapidement que le système de distribution des eaux publiques était appelé à jouer un rôle essentiel dans ce vaste ensemble d'améliorations, dont la réalisation devait modifier radicalement l'aspect de la capitale.

Ce fut le point de départ d'une série d'études et de travaux très importants relatifs à cette grave question des eaux.

En présence des merveilleux résultats obtenus, à Lyon et à Toulouse, par le système de filtration, au moyen de tranchées établies sur les rives des fleuves qui alimentent ces deux villes, on songea naturellement à essayer de filtrer les eaux de la Seine, en grandes masses, dans les sables de la plaine d'Ivry ; ces essais, entrepris sur une assez grande échelle, démontrèrent, avec la dernière évidence, qu'il était impossible d'effectuer ce filtrage dans des conditions avantageuses.

Comme, d'ailleurs, il n'existe aucun moyen facilement applicable de refroidir en été et de réchauffer en hiver les grandes masses d'eau des réservoirs, on se trouvait forcément conduit à cette conclusion que les eaux de la Seine, quel que fût le point choisi pour l'établissement de machines élévatoires, ne pourraient jamais être utilisées, sans préparation, à leur sortie des conduites publiques.

Il fallait à tout prix éviter cet inconvénient ; aussi l'administration municipale, renonçant à demander à la Seine ce qu'elle ne pouvait fournir, prit le parti d'aller chercher à une certaine distance des sources remplissant les conditions de pureté et d'abondance reconnues nécessaires, et de les amener dans la capitale au moyen d'aqueducs.

Comme la nature du sol des environs de Paris rend extrêmement rares les sources d'eau complètement pure, on pouvait d'avance avoir la certitude qu'il faudrait aller à de grandes distances pour rencontrer le volume d'eau nécessaire à l'alimentation et que, par suite, la construction des aqueducs de dérivation entraînerait de grandes dépenses ; de plus l'exécution de ces aqueducs conduisait à la transformation presque complète du système de distribution. Du moment où l'on renonçait à utiliser les eaux de la Seine et du canal de l'Ourcq pour les usages domestiques, il fallait isoler le service privé, lui affecter une alimentation spéciale, des réservoirs distincts et, dans toutes les rues de Paris, une canalisation nouvelle, juxtaposée à celle du service public.

Ce nouveau réseau devait constituer une charge nouvelle, assez lourde, pour les finances de la ville. Mais, comme l'idée de la séparation des services public et privé était, en définitive, la seule qui pût conduire à une solution pratique du problème si difficile d'une distribution d'eau pour Paris, elle finit par triompher. Aujourd'hui, comme nous le verrons plus loin, elle est à peu près complètement réalisée.

Dans son premier mémoire sur les eaux de Paris, présenté au conseil municipal, M. le préfet de la Seine, après avoir montré les imperfections du régime en vigueur, se prononçait nettement pour le projet d'une dérivation lointaine.

« Lorsqu'une nation, une grande cité, disait-il, veut pourvoir à l'un de ces besoins public qui sont également impérieux dans toutes les vicissitudes de sa destinée, dans la prospérité comme dans les revers, s'il se présente deux moyens praticables, l'un réclamant tout d'abord des frais élevés et un puissant effort, mais ne chargeant l'avenir lointain que d'une faible dépense d'entretien et d'une moindre sollicitude, l'autre moins dispendieux au début, mais le grevant chaque année, chaque jour, d'un lourd fardeau financier et de soins multipliés et attentifs : cette nation ou cette cité ne peut hésiter à préférer le premier moyen, pour peu qu'elle ait la conviction de sa propre durée, le souci de sa gloire et le sentiment de ses devoirs envers les générations à venir. »

Il faut reconnaître d'ailleurs qu'il y a, dans tout projet de dérivation, un caractère de majesté et de grandeur bien propre à frapper les esprits, et peut-être le chef de la grande cité n'échappait-il pas complètement à l'attrait des grandes entreprises, lorsqu'il confiait aux ingénieurs du service municipal l'importante mission de rechercher, dans le bassin de la Seine, les sources qu'il serait possible de dériver au profit de la capitale.

D'après le programme tracé à l'ingénieur en chef du service, M. Belgrand, l'eau à dériver devait satisfaire à plusieurs conditions : à la limpidité et à la fraîcheur elle devait unir une pureté au moins égale à celle de la Seine, prise en amont de Paris ; elle devait pouvoir arriver, par la seule action de la pesanteur, dans des réservoirs établis à 53 mètres au-dessus du zéro de l'échelle du pont de la Tournelle.

L'étendue du bassin de la Seine est très considérable ; il occupe environ la septième partie de la surface de la France ; dans le délai de quatre mois, fixé pour la présentation de l'avant-projet, l'exploration, même incomplète, de toutes les vallées qui la composent était matériellement impossible. Aussi M. Belgrand procéda-t-il autrement. Grâce aux études hydrologiques faites pendant quinze ans dans le bassin de la Seine, il avait pu constater que, dans chaque formation géologique, la position des sources importantes est parfaitement déterminée. Il admit, en outre, que, dans toute l'étendue d'une formation géologique homogène, la composition chimique des matières en dissolution dans l'eau devait être à peu près invariable. D'après ce principe, dont l'expérience a vérifié l'exactitude, le travail d'exploration se trouvait sensiblement réduit, puisqu'on pouvait se borner à l'analyse d'un petit nombre d'échantillons, provenant de chaque formation géologique, pour être fixé sur la composition des eaux de toutes les sources qui pouvaient s'y rencontrer.

C'est par cette méthode que M. Belgrand put faire, dans un temps relativement très court, une excellente classification des différentes sources du bassin de la Seine, sous le rapport de la composition chimique.

Il reconnut qu'on ne trouve d'eaux de bonne qualité, disponibles pour la capitale, qu'au delà de Château-Thierry et de Fontainebleau, c'est-à-dire à une faible distance des points où l'on commence à distinguer la craie blanche qui couvre les plaines de la Champagne.

D'après les analyses qui en ont été faites, les eaux des sources de la Champagne ne renferment que du carbonate de chaux, et même en quantité moindre que celles de la Seine.

Le choix de l'administration une fois fixé sur ces eaux, M. Belgrand proposa l'étude de la dérivation des sources de la Somme-Soude, petite rivière qui, après avoir coulé partout sur la craie, va se jeter dans la Marne, entre Châlons et Épernay.

En lui adjoignant quelques autres sources, situées entre cette dernière ville et Château-Thierry, telles que le Sourdon et la Dhuis, il était possible d'amener 40 000 mètres cubes d'eau par jour sur les hauteurs de Ménilmontant, à l'altitude de 108 mètres.

D'après une évaluation sommaire, l'aqueduc de dérivation devait avoir environ 214 kilomètres, et les dépenses nécessitées par sa construction ne devaient pas dépasser vingt millions.

A la même époque, on étudiait le projet de dérivation d'une autre rivière, la Vanne, qui se jette dans l'Yonne, à Sens, et qui était destinée à suppléer à l'insuffisance des sources de la Somme-Soude et de la Dhuis.

Cette nouvelle étude démontra que l'eau fournie par cette dérivation ne pourrait arriver qu'à l'altitude de 80 mètres; elle devait donc naturellement être réservée pour les besoins des quartiers bas.

On pouvait d'ailleurs compter sur un volume disponible de 100 000 mètres cubes par jour; ce qui portait en réalité à 140 000 mètres cubes le volume d'eau dont on pouvait disposer pour le service des eaux potables de la capitale.

Le projet définitif, dressé par les ingénieurs du service municipal, fut soumis, par le ministre des travaux publics, à l'examen du conseil général des ponts et chaussées.

Mais, contrairement à ce qu'on pouvait espérer, le conseil des ponts et chaussées décida qu'avant de mettre à l'enquête le projet de dérivation des sources de la Champagne, il convenait d'étudier un nouveau projet de dérivation des eaux de la Loire, qui venait d'être présenté par un ingénieur, M. Grissot de Passy; le conseil demandait, en même temps, l'étude d'un troisième projet, celui de l'élévation des eaux de la Seine par machines à vapeur, afin qu'on pût établir, entre les trois systèmes, une comparaison sérieuse, basée sur des chiffres aussi exacts que possible.

Le tracé complet de l'aqueduc de dérivation de la Loire fut exécuté par les ingénieurs de la ville, et M. Farcot, qui avait déjà construit les belles machines du pont d'Austerlitz, s'empressa de fournir tous les renseignements indispensables pour dresser le devis des dépenses que devait entraîner l'installation de machines à vapeur capables d'élever, à la hauteur moyenne de 64 mètres, les eaux de la Seine, supposées prises à Port-à-l'Anglais, en amont de Paris.

Pendant que ces divers projets étaient encore à l'étude, un décret impérial décida l'annexion de la partie de la banlieue comprise dans l'enceinte des fortifications.

Cette extension du périmètre de la capitale conduisait à modifier le projet primitif de distribution des eaux, afin de satisfaire aux besoins de la population des nouveaux quartiers, dont la plupart sont situés à des niveaux fort élevés. Il fut, dès lors, décidé que les eaux de la Dhuis desserviraient les quartiers élevés de Montmartre, Belleville, Passy,)etc.

Au commencement de l'année 1860, les ingénieurs du service des eaux purent remettre à l'administration les devis des aqueducs de la Loire et de la Dhuis, ainsi que le projet d'élévation des eaux de la Seine, au moyen de machines à vapeur.

Dans le rapport qui accompagnait ces trois projets, les ingénieurs démontraient que la dérivation des sources de la Champagne pourrait seule fournir une eau potable, n'ayant à subir aucune préparation, avant d'être livrée aux conduites publiques. La comparaison des chiffres de dépenses prouvait, d'ailleurs, que ce dernier projet était le plus économique.

Le conseil municipal, de nouveau consulté, persista dans le système de dérivation des sources et donna son approbation au projet spécial dressé pour la dérivation distincte des sources de la Dhuis et du Surmelin.

Le conseil général des ponts et chaussées fut une seconde fois saisi de l'examen de la question.

Conformément au vœu exprimé par le conseil municipal, M. le préfet proposa le rejet des projets de dérivation de la Loire et des machines à vapeur pour l'élévation des eaux de la Seine, et demanda l'autorisation de mettre aux enquêtes le projet de la Dhuis.

Après un sérieux examen dans le sein du conseil, cette dernière autorisation fut accordée, et l'on procéda immédiatement à la formation des commissions d'enquête dans les départements intéressés.

Celle du département de la Seine, présidée par un illustre géologue, M. Elie de Beaumont, fit sur le projet

Coupe de l'ancienne fontaine du Château d'eau.

de dérivation un rapport remarquable, qui est resté comme le document le plus instructif qu'on puisse consulter sur cette question des eaux, qui avait eu le privilège de surexciter au plus haut point l'esprit public.

Après avoir établi les conditions que doit remplir un bon système de distribution d'eaux potables, dans une grande ville, et combattu les nombreuses objections qu'avait soulevées le projet, la commission d'enquête émit l'avis suivant :

« En ce qui concerne le projet, qu'il y a lieu :

« 1° D'augmenter dans une large proportion la quantité d'eau destinée aux services publics et privés de la ville de Paris, et notamment en eau propre aux usages domestiques;

« 2° De préférer, à cet effet, des eaux de source potables, limpides et d'une température constamment modérée à des eaux de rivières quelconques;

« 3° D'assurer, par les moyens connus et prévus au projet, le parcours de ces eaux en état de pureté et de fraîcheur, depuis les sources jusqu'à Paris, ainsi que leur bonne conservation dans les réservoirs;

« 4° D'établir les réservoirs, conformément au projet, à une altitude qui permette de faire arriver l'eau, à peu d'exceptions près, même dans les étages supérieurs de toutes les maisons;

« 5° De s'occuper avec la plus grande activité des travaux projetés et, par conséquent, de la réalisation du projet.

« Par tous ces motifs, la commission est d'avis que l'avant-projet soumis à l'enquête est de la plus haute et de la plus incontestable utilité. »

La déclaration d'utilité publique, par décret impérial, ne se fit pas longtemps attendre et, au printemps de l'année 1865, commencèrent les travaux de construction de l'aqueduc de la Dhuis, qui devait fournir une première ressource de 40 000 mètres cubes par jour d'eau parfaitement potable.

Les principales sources destinées à l'alimentation de cet aqueduc sont celles de la Dhuis et du Surmelin, dont les eaux sortent de la même nappe, située au-dessous des argiles à meulière de la Brie.

L'aqueduc se maintient sur les coteaux de la rive gauche de la Dhuis, puis de la Marne, jusque dans le voisinage de Paris, près de Chalifert, où il franchit cette dernière rivière, au moyen d'un pont, pour passer sur les coteaux de la rive droite, qu'il suit jusqu'à Paris.

La longueur totale de l'aqueduc est de 131 kilomètres environ, dont 101 en tranchées, 13 en souterrain et 17 en siphon ou conduite forcée.

La largeur intérieure de la partie en maçonnerie atteint 1^m,40; la hauteur sous clef est de 1^m,76.

Les conduites forcées consistent en tuyaux de fonte, qui n'ont pas moins d'un mètre de diamètre intérieur, avec une épaisseur variable de 20 à 25 millimètres. Le poids d'un seul de ces tuyaux atteignait 2000 kilogrammes.

Les eaux de la Dhuis arrivent sur les hauteurs de Ménilmontant dans un grand réservoir, d'une capacité de 130 000 mètres cubes, divisé en deux étages, dont l'inférieur reçoit les eaux de la Marne, élevées par les machines de Saint-Maur.

La dérivation de la Vanne, qui n'a été terminée que quelques années après celle de la Dhuys, a constitué une opération beaucoup plus intéressante, tant au point de vue de l'aménagement des sources qu'à celui des ouvrages d'art, nécessités par l'établissement de l'aqueduc qui amène les eaux à Paris.

Les sources qui alimentent cet aqueduc sont nombreuses et disséminées sur une assez grande étendue. Elles se divisent en sources hautes et en sources basses. Pour ces dernières, qui se trouvent en contre-bas de l'aqueduc de quantités variables, leurs eaux doivent être relevées artificiellement, au moyen de pompes actionnées par des turbines et des roues hydrauliques. Une des sources hautes, celle de Cérilly, qui arrive à l'aqueduc avec une charge de près de 20 mètres, a été utilisée pour fournir la puissance motrice nécessaire au relèvement des eaux de deux des sources basses. Quant aux autres, qui sont en contre-bas de 15 à 20 mètres, elles sont relevées par trois usines, dont les moteurs hydrauliques sont mis en mouvement par les eaux de la Vanne.

A partir du point où il reçoit la dernière source, l'aqueduc de dérivation, dont le développement est de 173 kilomètres, suit un chemin très accidenté, qui a exigé des travaux d'art assez considérables. La longueur totale des parties en siphon est de près de 20 kilomètres et celle des parties en arcades atteint 16 kilomètres.

La section intérieure de l'aqueduc est un cercle, de 2 mètres de diamètre; les siphons sont constitués par deux conduites en fonte, accolées, de $1^m,10$ de diamètre et de 25 millimètres d'épaisseur.

Parmi tous les ouvrages d'art, les plus importants sont : le siphon de l'Yonne, celui du Loing, près de Moret, les Arcades du Grand-Maître dans la forêt de Fontainebleau.

Le siphon de l'Yonne est remarquable; sa longueur est de 3700 mètres et sa flèche de 40 mètres. Il est soutenu, au-dessus des crues de l'Yonne, par un pont-aqueduc, qui n'a pas moins de 1500 mètres de développement.

A partir de la forêt de Fontainebleau, on rencontre encore plusieurs siphons, puis le grand aqueduc d'Arcueil, de 1000 mètres de longueur, qui franchit la vallée de la Bièvre, sur 77 arcades, dont les plus hautes sont superposées à celle de l'aqueduc de Marie de Médicis.

L'aqueduc de la Vanne arrive au grand réservoir de Montsouris, dans lequel il verse, chaque jour, 90 à 100 000 mètres cubes d'eau.

La Dhuys donnant, en service normal, 22 000 mètres

cubes seulement, au lieu de 40 000 mètres, sur lesquels
on avait compté, la ville de Paris dispose actuellement,
pour les services privés, de 122 000 mètres cubes ou
plus exactement de 128 000 en comptant les 1000 mètres
fournis par les sources d'Arcueil et les 5000 mètres provenant de la source de Saint-Maur.

En même temps qu'on exécutait les travaux de dérivation des sources, on s'occupait de renforcer l'alimentation du canal de l'Ourcq, au moyen de deux usines
hydrauliques, destinées à y élever l'eau de la Marne. Ces
deux usines, qui datent de 1868, ont été établies près de
Meaux, à Trilbardou et à Isles-les-Meldeuses, points où le
canal est très voisin de la Marne et la domine de
15 mètres environ. Dans ces deux usines, les pompes
d'élévation sont mises en mouvement par des roues
hydrauliques.

Enfin, l'installation de la grande usine de Saint-Maur,
sur la Marne, a permis d'augmenter de 43 000 mètres
cubes la quantité d'eau destinée à l'alimentation du
service public. L'usine de Saint-Maur comprend, en
réalité, une usine à vapeur et une usine hydraulique.
L'usine à vapeur se compose de deux machines horizontales à action directe, du système Corliss, de 160 chevaux
de force.

L'usine hydraulique comprend huit moteurs, pouvant
donner ensemble près de 700 chevaux de travail utile.
Quatre de ces moteurs sont des turbines Fourneyron et
les quatre autres des roues Girard, de 11^m,70 de diamètre.

Deux des turbines sont destinées à l'alimentation du
bois de Vincennes et des localités environnantes; une des
roues élève, à la cote de 108 mètres, dans le réservoir
supérieur de Ménilmontant, spécial au service privé, les
5000 mètres cubes d'eau d'une belle source trouvée dans
le coteau de Saint-Maur; ces eaux viennent se mélanger
aux eaux de la dérivation de la Dhuys. Quant aux autres
appareils, ils refoulent l'eau de la Marne, à l'altitude de

100 mètres, dans le même réservoir de Ménilmontant, mais à l'étage inférieur.

Pour obtenir la chute d'eau qui constitue la force motrice de l'usine, on a profité de cette circonstance que la Marne, avant de se jeter dans la Seine, entoure une longue presqu'île, appelée Boucle de Marne, qui se relie aux coteaux de la rive droite par l'isthme étroit sur lequel s'élèvent les villages de Joinville-le-Pont et de Saint-Maur. Il a suffi de percer cet isthme par un souterrain, pour déterminer, au moyen d'un barrage convenablement exhaussé, une chute de 4 mètres.

Avec cette dernière installation, la ville se trouvait posséder, en 1880, sur la Seine et sur la Marne, à l'intérieur de Paris, auprès des fortifications, huit usines, représentant ensemble une force utile de plus de 1800 chevaux.

En réunissant toutes ses ressources, la ville dispose actuellement, en temps normal, de 570 000 mètres cubes environ par 24 heures, se décomposant de la manière suivante :

<pre>
                                        mètres cubes

Eaux de sources de la Dhuis. . . . .   22 000 ⎫
       —   de la Vanne. . . .   100 000 ⎬
       —   de Saint-Maur. . .   5 000 ⎬ 128 000
       —   d'Arcueil . . . . .   1 000 ⎭
Eau de Seine, élevée par machines.   88 000 ⎫
Eau de la Marne   —   43 000 ⎬
Eau de l'Ourcq   —   105 000 ⎬ 242 000
Puits artésiens   —   6 000 ⎭

                          Total. . .   570 000
</pre>

Il convient, d'ailleurs, de remarquer que ce volume n'est pas constant. Pendant l'été, le débit des sources de la Dhuys et de la Vanne diminue; le canal de l'Ourcq, alimenté par la rivière de ce nom, voit également diminuer son débit. Les machines hydrauliques de Saint-Maur perdent une partie de leur force ; enfin, les aqueducs de la Vanne subissent parfois, pendant l'été, par suite de la différence de température de l'eau et de l'air ambiant, des dégradations qui obligent à suspendre le service. Le volume disponible devient alors inférieur à 300 000 mètres cubes et on peut être obligé de réduire l'arrosage et de suspendre momentanément le lavage des égouts et des caniveaux.

Cette situation n'est pas sans offrir de sérieux inconvénients et, dès le mois de juillet 1878, le Directeur des travaux de Paris, M. Alphand, signalait la nécessité d'augmenter immédiatement les ressources de 150 000 mètres cubes. Sur sa proposition, le conseil municipal a adopté une série de projets, qui sont actuellement en cours d'exécution et qui auront pour résultat de porter à 500 000 mètres cubes environ le volume disponible en 1884, tant pour les services privés que pour les services publics.

Le premier projet se rapporte à la dérivation des sources de Cochepies, dont la ville est propriétaire, dans le département de l'Yonne, et qui se trouvent dans le voisinage de l'aqueduc de la Vanne, mais à un niveau inférieur. Le relèvement des eaux exigera l'installation d'une usine élévatoire.

Les habitants de Paris auront donc, à bref délai, 140 000 mètres cubes au moins, d'eau de source pure, limpide, fraîche en toute saison, pour les besoins domestiques. Cette eau sera amenée par une canalisation spéciale, dont l'installation est aujourd'hui assez avancée. D'un autre côté, une seconde canalisation, alimentée par les eaux de l'Ourcq, de la Seine et de la Marne, est destinée à assurer les services des fontaines publiques, de l'arrosage des rues et du lavage des égouts. Elle est destinée également à desservir les établissements industriels, dont la consommation augmente constamment.

Pour que ces divers services soient dotés suffisamment

à bref délai, le conseil municipal a décidé l'établissement d'une série de nouvelles machines élévatoires, destinées à puiser des volumes d'eau considérables dans la Seine et dans la Marne.

Parmi les nouvelles usines élévatoires dont la création a été décidée, la plus importante est celle d'Ivry. Les travaux d'installation, entrepris à la fin de l'année 1880, sont aujourd'hui entièrement terminés. Située en amont de Paris, cette usine est destinée à fournir de l'eau relativement pure et, comme elle est à proximité du réservoir de la Vanne, elle pourrait au besoin suppléer aux eaux de sources, pendant les périodes d'arrêt que viendraient à exiger des réparations importantes à faire aux aqueducs d'amenée de ces eaux.

Le groupe de machines de l'établissement d'Ivry doit monter, en pleine marche, 85 000 mètres cubes par 24 heures, à l'altitude de 89 mètres, ce qui nécessite une force totale de 960 chevaux, répartis en 6 machines, de 160 chevaux chacune. La consommation par cheval utile en eau montée et par heure ne doit pas dépasser $9^k,25$ de vapeur, ou $1^k,25$ de charbon, les chaudières devant donner $7^k,50$ de vapeur par kilogramme de combustible. La conduite ascensionelle, composée de 2 tuyaux en fonte, de $0^m,80$ de diamètre, amènera les eaux dans un nouveau réservoir, établi sur le plateau de Villejuif.

Avec cette usine d'Ivry, qui va fonctionner incessamment, l'alimentation, pour la campagne 1883, se trouvera déjà augmentée de 85 000 mètres cubes. Une seconde conduite établie à Saint-Maur et qui permettra de faire fonctionner simultanément l'usine hydraulique et l'usine à vapeur donnera une augmentation de 15 000 mètres cubes ; enfin, avec diverses améliorations aux autres établissements, on peut obtenir, en outre, 10 000 mètres cubes. L'augmentation pour 1883 peut donc être évaluée à 110 000 mètres cubes, qui, ajoutés aux 370 000 mètres cubes indiqués précédemment pour l'alimentation en marche normale, donnent un total de 480 000 mètres cubes, soit plus de 300 litres par habitant, en admettant, pour la population de Paris, le chiffre de 2 250 000 fourni par le dernier recensement.

L'ensemble des nouveaux travaux, lorsqu'ils seront tous achevés, permettra évidemment de satisfaire aux besoins les plus pressants ; mais il faut prévoir qu'il se produira bientôt de nouvelles exigences, tant à cause des habitudes de soins personnels que l'eau abondante et à bon marché donnera aux habitants, que par suite de l'accroissement incessant de la population.

Le nouveau tarif établi pour les abonnements aura pour résultat de développer très sensiblement la consommation privée. La dépense d'eau pour les lavages et les arrosages suivra, d'un autre côté, la progression de la circulation dans la ville.

L'accroissement de la population pouvant être évaluée à 50 000 habitants par an, l'alimentation, à raison de 200 litres par tête, devrait s'accroître annuellement de 10 000 mètres cubes. Comme, d'un autre côté, les arrosages et les lavages sont loin d'être aussi fréquents et aussi abondants qu'ils devraient l'être, il conviendrait d'augmenter, de ce chef, l'approvisionnement normal journalier de 15 à 20 mille mètres cubes, pendant un certain nombre d'années.

En augmentant, chaque année, les ressources de 30 000 mètres cubes par jour, on arriverait, au bout de 17 ans, à compléter, avec l'alimentation de 488 000 mètres cubes assurée pour 1884, un approvisionnement de 1 million de mètres cubes par jour, qui serait de nature à suffire, pour longtemps, à tous les besoins permanents.

Les travaux déjà admis en principe par le conseil municipal et les améliorations étudiées permettront d'obtenir les résultats suivants :

mèt. cubes

Le doublement de l'usine d'Ivry 85 000

Usine de Cochepies et augmentation de la portée
de l'aqueduc de la Vanne 20 000

Nouvelle usine à Maisons-Alfort. 45 000

Nouvelle usine à Bercy 40 000

Nouvelle machine à St-Maur 50 000

Total des nouvelles ressources. . . 220 000

Avec les 480 000 mètres cubes assurés pour la campagne de 1884, l'alimentation se trouverait ainsi portée à 700 000 mètres cubes. Ces travaux sont tous étudiés, les crédits sont en partie votés et on peut admettre que l'exécution sera complètement terminée dans une période de 5 à 6 ans.

Il reste à étudier les projets dont l'adoption permettrait d'atteindre le chiffre de 1 million de mètres cubes, que nous avons indiqué précédemment. Parmi ceux qui ont été mis en avant, dans ces derniers temps, nous nous bornerons à mentionner le projet de dérivation d'un certain volume d'eau de la Loire sur Paris. Avec une prise de 18 mètres cubes par seconde, faite au-dessus de Cosne, on constituerait, comme nous l'avons déjà dit, un canal de navigation et d'irrigation, qui se bifurquerait au-dessus d'Orléans; une des branches formerait, jusqu'à Angers, un canal latéral à la Loire, tandis que l'autre traverserait la Beauce, qu'elle irriguerait, et amènerait à Paris 500 000 mètres cubes d'eau par 24 heures, à l'altitude de 80 mètres, suffisante pour permettre une distribution dans Paris.

Bien que le conseil municipal ait pris en considération l'offre qui lui avait été faite par la société constituée en vue de l'établissement de ce canal, il ne faut pas se dissimuler que l'exécution d'un travail de ce genre est de nature à se heurter à de très grosses difficultés, C'est là, d'ailleurs, une solution qui, en dehors de son caractère aléatoire, ne peut constituer une ressource que pour un avenir assez éloigné. Dans tous les cas, grâce aux mesures adoptées, la question de l'eau à Paris va se trouver résolue, d'une manière satisfaisante, pour une assez longue période, et, avant qu'elle ne soit expirée, on aura tout le temps nécessaire pour faire un choix entre le système de la dérivation et celui des machines élévatoires.

FIN

TABLE DES GRAVURES

FIN DE LA TABLE DES GRAVURES.

TABLE DES MATIÈRES

CHAPITRE III. — DES RIVIÈRES.

CHAPITRE IV. — IRRIGATIONS ET DESSÉCHEMENTS.

CHAPITRE V. — DISTRIBUTION DES EAUX.

FIN DE LA TABLE DES MATIÈRES.

9 782013 483087